世界一変な火山

知床硫黄山ひとり探査記

山本睦徳

JN189516

はじめに

　8月のある夜のこと、登山口でテントを張って寝ていた。登山口の看板の前には草がしげっていて心地よいクッションになってふわふわで気持ちがよかった。月明かりのない真っ暗な夜で周囲には何も見えなかった。食事が終わって寝袋に入り、うとうとし始めたときだった。遠くの方からものすごく低い声が聴こえてきた。

　ホェ、ホェ、ホェ、ホェ……

　セントバーナード犬もそんな声を出しているのを聴いたことがあるが、それはもっともっと低い。きっとセントバーナード犬よりはるかに大きな動物なのだろう。正体はわかっている。ヒグマである。ヒグマは北海道に生息する熊で、本州のツキノワグマよりかなり大きい。

　低い声はだんだん近づいてきた。このまま何ごともなく通りすぎてくれ……と、テントの中でじっと息を殺していた。20m、10m、声の主はどんどん近づいてくる5m……3m……すぐ隣だという瞬間、緊張のあまりゴホッと咳が出た。すると、よほど驚いたのだろう。そいつは砂利を跳ね飛ばしながら大慌てで走りだし、道路の向こうの崖に転落していった。石につまづいたのか、大きな石まで一緒にゴロゴロゴロゴロと崖を転がり落ちていった。彼（もしくは彼女）がどうなったかは知らない。

　知床硫黄山は知床半島の中央部に位置している。僕は、この山に入って火山の調査をしている。いるのはヒグマだけではない。エゾシカ、キタキツネ、エゾリス、ヘビなどいろんな動物が白昼堂々と出てくる。つい手にとって食べたくなるようなかわいい毒キノコもいっぱい生えている。そんな大秘境で歩きまわって、火山ガスや温

泉を調べたり、テスターを持って地面の電圧を計ったり、バッテリーから電気を地面に流したりしている。周囲には人が住んでいるところはなく、夜はものすごい数の星が空いっぱいにきらめく。そんな大自然の中にあるのが、世界一変な火山、「知床硫黄山」だ。僕はこの火山の特殊な噴火の仕組みを調べている。

知床硫黄山は中腹にある「１号火口」という40mほどの火口から、どろどろに融けた大量の溶融硫黄を噴出する奇妙な火山だ。観光客には「新噴火口」とも呼ばれている。最後に噴火したのは1936（昭和11）年のことで、このときは11万6523トンもの赤茶色をした溶融硫黄が噴き出して近くの枯れ沢に流れ込み、それから温泉の川として知られるカムイワッカ川に流れ込んだ。

そのあと硫黄は冷えて固まり、黄色い固体になった。現在観光地になっているカムイワッカ川の橋があるあたりは大量の硫黄で川が埋まっていたのだ。信じられないような光景だった。しかし、時代は日中戦争の直前（1936年は二・二六事件の年）である。硫黄は火薬や肥料の原料に全部採掘されてしまった。

この山を初めて訪れたのは2005（平成17）年の８月のことだった。知床硫黄山のことはだいぶ前に本で読んで知っていたので、一度行ってみたいと思っていた。小さな軽自動車にガスコンロや鍋、毛布、着替えを積み込んで僕が住んでいる京都府亀岡市を出発した。日本海沿いの国道をひたすら北上し、福井、金沢、新潟、秋田、青森、そして函館、室蘭、苫小牧、釧路、斜里と、日本列島を縦断した。高速道路を走る金がなかったので、国道ばかりをひたすら走った。無数の星がきらめく知床半島に到着したのは、４日後の夜だった。

知床半島の太平洋側にある羅臼町の市街地を抜けて北上し、知床の先端に近い相泊というところまで行った。海のそばまで岩の絶

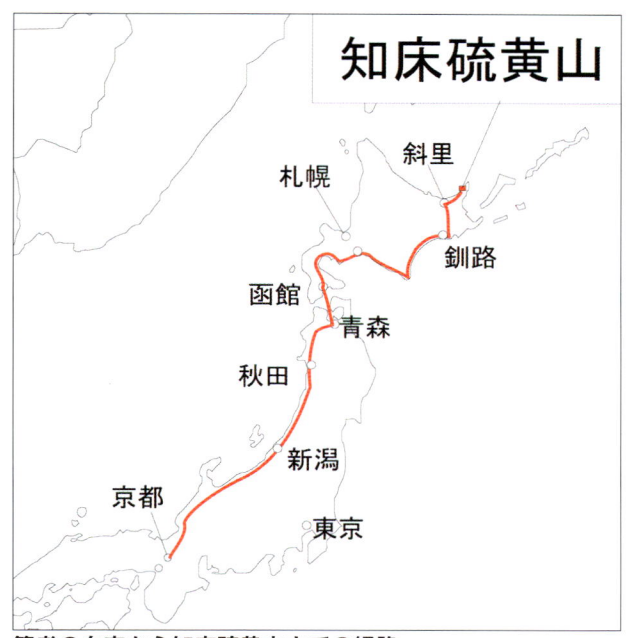

筆者の自宅から知床硫黄山までの経路

壁が迫っていた。上から滝の水が落ちてくる。「これが地の果てか」と感動した。途中大きな熊が立ち上がったような岩に出くわした。「熊岩」という岩で、海底で噴出したハイアロクラスタイトという溶岩でできている。羅臼に近いマッカウスの洞窟ではヒカリゴケを見た。洞窟の奥の方で黄緑色の小さなコケが点々と光っている。すごい、おもしろいの連続だった。

　知床硫黄山には、知床自然センターというところからシャトルバスに乗って行った。カムイワッカ川の向こうの知床硫黄山登山口から急な登山道を登って標高600m付近にある木がほとんど生えず、大きな岩がゴロゴロしている場所がある。そこに登山家たちが新噴火口と呼ぶ火口がある。それこそが1号火口で、そこから大量の溶融硫黄が噴出した。最後の噴火からもう何十年もの月日が流れてい

たが、火口の下のかつて硫黄が流れた枯れ沢には、岩の表面や窪みに当時の硫黄がまだ残っていた。1936(昭和11)年の噴火を調査した渡邊武男氏(当時、北海道帝国大学教授)が書いた資料を持って当時の写真と比べながら現地を歩いた。

　翌年2006年1月、僕は大阪地学教師グループという集まりの例会に参加した。そこでパワーポイントを使って知床硫黄山の紹介をしたところ、大阪の箕面 東 高等学校(当時)の貴治康夫先生から木星の衛星イオにも溶融硫黄を噴出する火山があることからNASA(アメリカ航空宇宙局)が注目している火山であると教えていただいた。貴治先生にはその後もいろいろと熱心に助言をしていただいた。

　知床硫黄山は地球上にたったひとつしかない特別な火山だ。溶融硫黄を噴出する火山は他にもある。しかしせいぜい幅数十センチ、長さ数十メートルといった小規模なものばかりだ。10万トンを超える大量の溶融硫黄を噴出する火山は地球上のどこを探してもこの火山しかない。いったいどうしてドロドロに融けた硫黄を吐き出すのか？　いったいどこで硫黄は作られているのか？

　疑問が次々湧いてくる火山なので、もう誰かがくわしく調べているのだろうと思っていた。ところが、斜里町立知床博物館の合地信生先生を訪ねた際、知床硫黄山に関する資料はこれくらいしかないんだと示されたのは、渡邊武男氏が書いた文献と北海道防災会議の文献などわずかなものだった。溶融硫黄噴火の仕組みなどは何もわかっていなかったのだ。

　じゃあ、謎を解明するか？　僕は大学の理学部を卒業したわけでもないし、当時はどこの研究機関にも所属していなかった。地学関係のドキュメンタリー映画を2本作って勝手にサイエンスライターを名乗っているだけだった。溶融硫黄噴火の仕組みを見つけるなんてことが、僕にできるのだろうか……。

けれど、1号火口から三角形に尖った緑色の山頂を見ていると、この「変な火山」が「山本君、あんた、ワシのこと調べてみぃひんか？」と、北海道なのに関西弁で言っているような気がした。

　それから僕はとりつかれたように、毎年知床硫黄山に行くようになった。岩を観察し、温泉やガスを調べ、地面に電気を流したり電圧を計ったりしては、この山の謎に挑んでいる。それらの結果をまとめたこの本は、壮大な謎解きの物語である。

世界一変な火山 知床硫黄山ひとり探査記

目次

はじめに

1

赤茶色の液体硫黄が、出るわ出るわ

知床硫黄山の位置と噴火の歴史

　知床硫黄山は北海道の東の端、知床半島の中央部の少し先端寄りにある (図1-1)。溶融硫黄を噴出する火口は北西の中腹、海抜標高600mの位置にある。登山客には「新噴火口」と呼ばれているが、昔の論文では「１号火口」とされているので、本書でもそれにならう (図1-2)。ちなみに、古い文献では、１号火口の北西側にある崖の崩れたところが２号火口とされているが、それは火口ではなく斜面が崩れているだけだ。そして３号火口とされる場所は、垂直の断崖絶壁に囲まれていて危険すぎるので行ったことがない。新たに最近（僕が調査を始める前）かなり激しく噴煙を上げていたとされる場所を、僕は「４号火口」と名づけた。

　北海道はもともとアイヌの土地だった。そこへ後から和人が入ってきたわけだが、アイヌ語には文字がなく、おそらくアイヌの人たちは知床硫黄山の噴火を見ていたと思うのだが、記録にあたるものはまったく残されていない。和人が入ってきた江戸末期（19世紀半ば）からの出来事をまとめると、13ページの表のようになる。

図1-1　知床硫黄山の位置

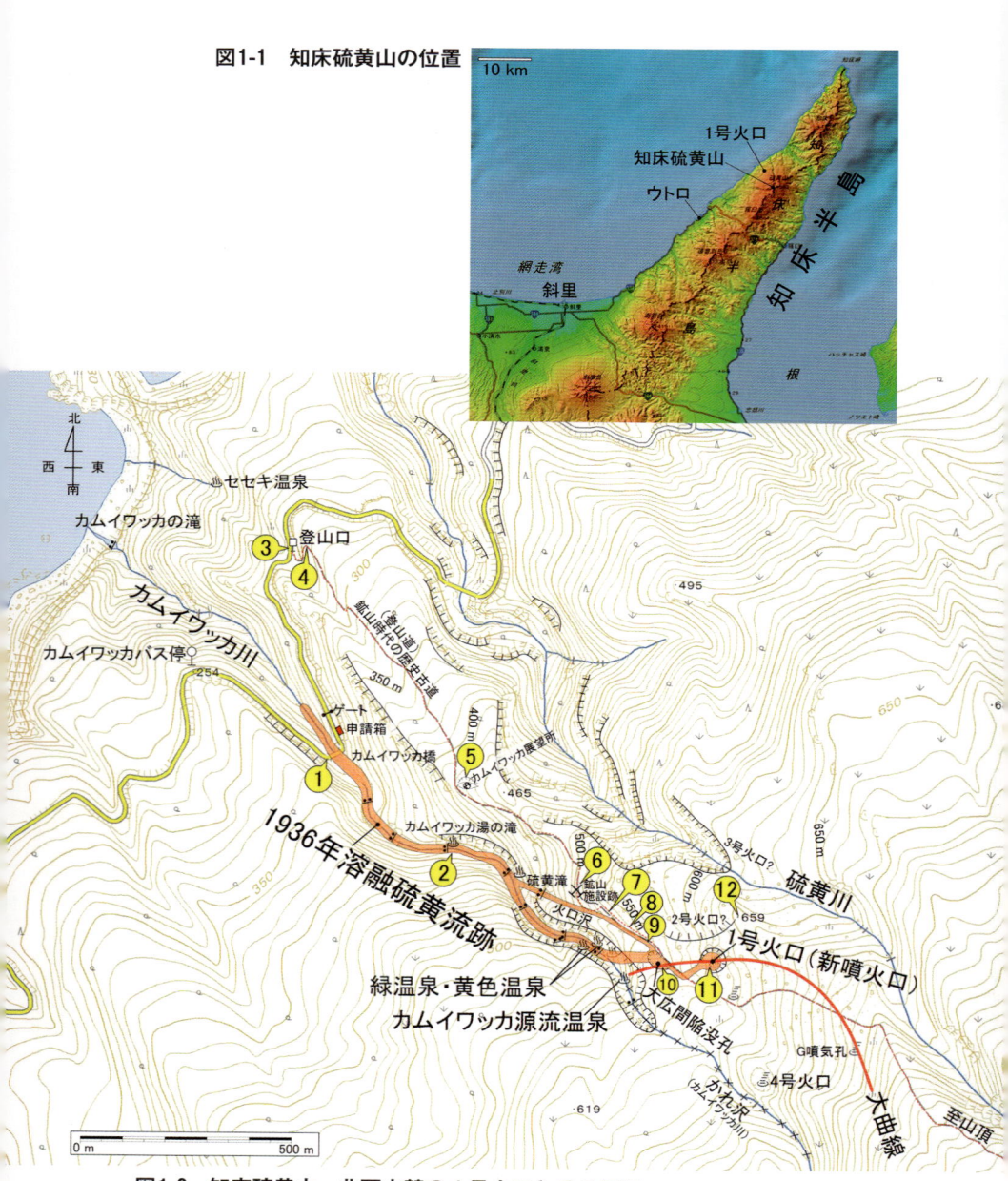

図1-2　知床硫黄山・北西山麓の１号火口とその周辺

知床硫黄山の噴火史

西暦（和暦）	出来事
1857（安政4）	噴煙、硫黄が海岸まで流出
1858（安政5）	6月　山腹から黒煙が上昇し爆音を聞く
1865（慶応元）〜 1867（慶応3）	硫黄採掘
1874（明治7）	9月　中腹爆裂火口中に溶融硫黄を目撃
1876（明治9）	9月　中腹1号火口爆発
1878（明治11）〜 1888（明治21）	硫黄を採掘。ほぼ採掘しつくす
1889（明治22）	8〜10月　1号火口が爆発し、噴煙上昇、カムイワッカ川に硫黄流出（数万トン）
1890（明治23）	6月　爆発。1号火口の西壁が破壊される
1896（明治29）	原鉱ほとんどつき、残滓（残りかす）を再精錬
1903（明治36）	稼行中止
1915（大正4）	1号火口付近の噴気状態観察
1935（昭和10）	年末　硫黄の小噴出
1936（昭和11）	2〜10月　1号火口爆発。熱水、蒸気とともに間欠的に硫黄を噴出、溶融硫黄がカムイワッカに流入。硫黄採掘開始
1937（昭和12）	1号火口の底で熱湯が沸騰

　見てのとおり、何度か溶融硫黄を噴出しているが、その都度資源として採掘されていった。現在からみて一番最近の1936（昭和11）年の噴火でも大量の硫黄が噴出されたが、それもすべて採掘してしまった。そのため、現地周辺に硫黄の現物はほとんど残っていない。

1936年撮影の白黒写真

　そんななか、渡邊武男氏が撮影した白黒写真が残されたことは、不幸中の幸いだった。渡邊氏は1936年9月に現地を訪れて噴火のようすを観察している。

　溶融硫黄はおおよそ4日に1度起こった。1号火口の中の割れ目から何の前触れもなく茶色い溶融硫黄が湧き出し始め、みるみる量が増えていく。それが火口からあふれ出して斜面を流れ下って大広間に流れ込む。火口沢を流れ下り、雷のような音を立てながらカムイワッカに流れ込むのだという。溶融硫黄噴火が終わると今度は95℃の熱湯が流れ出す。それも終わると間欠泉となってお湯を噴きあげたり止まったりをくり返した。それが静まると、平穏期に入る。

　写真を見ていこう。

　まずは図1-3。1936年9月17日午後に1号火口で撮影されたもので、硫黄の噴出口だ。溶融硫黄が噴出を始めてすぐに撮影されたもので、黒く見える液体は「赤褐色の硫黄」と渡邊氏は説明している。こういう溶融硫黄の噴出は1時間くらい続いて1回で数千トンに達することもあるのだという。

　図1-4は火口の西側の斜面を溶融硫黄が流れ下っているようす。さらに大広間の窪地へ流れ込む（図1-5、1-6）。白く見える部分は前に流れてすでに冷却固化していた固体の硫黄で、その上をおおうように赤褐色の溶融硫黄が流れている。結構激しい流れだったようだ。

　図1-7はだいぶ下流で、尾根伝いの道からカムイワッカ川を見下ろしたようすだ。写真の中の番号「1」はカムイワッカ川、「2」は火口沢の硫黄滝を示している。カムイワッカ川を埋めつくしている黄色い（写真では白い）固体の硫黄の上を黒っぽい溶融硫黄が流れておおっていくようすがわかる。

↑ 図1-3　硫黄の噴出口
（1936年 9 月17日　渡邊武男氏撮影）

→ 図1-4　火口の西側斜面を流れる硫黄
（1936年 9 月17日　渡邊武男氏撮影）

↓ 図1-5　窪地へ流れ込む硫黄
（1936年 9 月17日　渡邊武男氏撮影）

← （上から順に）
図1-6　窪地へ流れ込む硫黄
（1936年9月17日　渡邊武男氏撮影）

図1-7　カムイワッカ川を埋め尽くす硫黄
（1936年9月21日　渡邊武男氏撮影）

図1-8　カムイワッカ川のさらに下流
（1936年9月21日　渡邊武男氏撮影）

　図1-8はカムイワッカ川のさらに下流だが、黒っぽい溶融硫黄が固体の硫黄をどんどんおおっていく。

現在の1号火口

　現在の1号火口は、図1-9のように一見何もない。ここは硫黄で埋まっていたのだが、その後、資源として採りつくしてしまった。初めてここに来たとき、すっかり何もないのには驚いたが、完全に採りつくすのは難しいだろうと思い、しらみつぶしに探してみると、1936年当時の硫黄が岩の下に残っていた（図1-10）。溶岩みたいにたくさんの穴がブツブツとあいているのは、溶融硫黄に溶解していた火山ガスが気泡になったものだということが、その後の調査でわかった。溶融硫黄が冷えて固まるときに泡がブクブクと沸き立って気泡ができるのだろう。そんなようすを一度見てみたいものだ。

　さらに火口の下の火口沢や大広間を探してみると、岩のくぼみやちょっとした隙間にはさまっている硫黄を見つけることができた（図1-11）。

　硫黄というのは、通常黄色い固体なのだが、120℃で融け始めて溶融硫黄になる。不思議なことに、純粋な硫黄はこのまま熱していくと160℃くらいからネバネバしはじめる。ネバネバの度合いを「粘性」というのだが、この粘性が急激に上がってほとんど流れなくなるのだ。

僕は自宅で実際にこれを観察してみた。鍋焼きうどんを食べた後のアルミの鍋に試薬の硫黄を入れてガスコンロでとろ火にして温める。最初黄色い硫黄だったのが、赤褐色に変わって融け始める。融け始め直後はわりとサラサラしているのだが、さらに温めると水あめみたいにどろっとしてくる。さらに温度が上がると固まりかけのボンドみたいにほとんど流れなくなる。

　読者の方も実験してみたいと思われるかもしれないが、硫黄は一旦火がつくとなかなか消えないし、二酸化硫黄(亜硫酸ガス)という猛毒のガスを出すので危険である。たまたま庭にいたカマキリに吸わせたら、コロっと死んだ(申し訳ない)。くれぐれも注意してほしい。

　この性質をもとに渡邊氏は、硫黄は160℃以上では流れないだろうから、地下にあるときは120〜160℃だろうと論文で書いている。ただ、溶融硫黄には硫化水素が溶解していると、160℃を超えてもサラサラ流れる性質がある。そこで知床硫黄山の硫黄で実験したところ、硫化水素が溶けていたことがわかった。つまり、地下の硫黄は160℃以上である可能性もあることになる。

　渡邊氏は火口からドロドロと流れ出す溶融硫黄流については述べているが、それ以外に何らかの原因で爆発が起きて溶融硫黄が吹き飛ばされる「爆発噴火」も起こっていたことがわかった。1号火口より標高の高いところでいくつも硫黄が見つかったからだ。高い場所に別の噴出口がある可能性も考えたが、よくよく調べてみると爆発で飛ばされて飛んできた硫黄だということがわかった。くわしくは後の章で説明したい。

この線の内側が火口

噴出孔

図1-9　1号火口（2017年7月8日撮影）

**図1-10　岩の下に残っていた1936年に
　　　　　噴出した硫黄**

図1-11　岩のすき間に残っていた硫黄

知床半島は、年老いた地球の"シワ"

　北海道東部にツノのように突き出した知床半島。「シレトコ」とはアイヌ語で「尖ったところ」という意味だそうだ。知床半島の東には、国後島、択捉島、ウルップ島と島々が連なっていて、なにやら意味ありげだ。知床半島とその周辺の島々ができた話は、斜里町立知床博物館編『知床の地質』（北海道新聞社）に詳しい。

　知床が載っている北米プレートに、太平洋プレートが南東方向から年間数センチの速さで押しながら北米プレートの下に沈み込んでいる。押される北米プレートはシワができるように持ち上がり、そのために知床半島や国後、択捉の細長い地形ができたのだという。

　知床の名所「知床五湖」から見える山々は、「知床連山」と呼ばれていて、右側の一番高い山から「羅臼岳」「三峰」「サシルイ」「オッカバケ」、そして「知床硫黄山」と、知床半島の軸線上に火山が続いている。『知床の地質』によると、盛り上がった知床半島の半島軸にそって割れ目が発達し、その割れ目にそってマグマが噴出して火山が連なるようにできたのだという（次ページの図参照）。

　知床連山には、縦走路が通っていて、岩尾別温泉から羅臼岳に登って、これらの山々を歩き、知床硫黄山から降りてくることができる。健脚な人なら日帰りで歩いてしまうというから驚きだ。

　僕も知床連山を歩いたことがある。岩尾別温泉から登山開始。羅臼岳では、ウトロや斜里町、網走などが一望できるすばらしい眺めだった。羅臼岳の山頂は溶岩ドームといって、粘りけのあるマグマが出てきて固まったものだ。山頂から見下ろすと溶岩が流れた跡が見える。

　そこから三峰、サシルイ、オッカバケ、知床硫黄山へと、細い縦走路を進んでいく。三峰は両側に割れるように2つの峰があって、縦走路はその間を通っている。振り返って羅臼岳のふもとを見ると割れ目が見える。ここは、盛り上がっている一番上の部分なので、両側から引っ張られて正断層ができている。こういう割れ目が羅臼岳から知床硫黄山まで続いていて（写真参照）、特に知床硫黄山では南岳大火口（第一火口）、東岳大火口（第二火口）と巨大な火口が口を開けている。

　知床連山は大地の歴史を目の当たりにすることができる絶好の地質見学コースだ。ぜひチャレンジしてほしい。

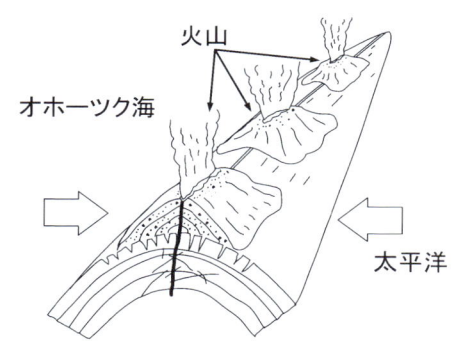

図中のラベル: 火山 / オホーツク海 / 太平洋

知床半島のでき方

（『知床の地質』〈北海道新聞社〉掲載の図に加筆）

　プレートの動きによって南東－北西方向に圧縮され、古い地層が盛り上がり知床半島ができた。半島の軸線にそって割れ目が発達し、そこからマグマが噴出して火山ができた。

図中のラベル: 知床硫黄山山頂 / 南岳大火口 / サシルイ / 三峰 / 羅臼平

羅臼岳山頂からみた知床連山

　手前から三峰、サシルイ、オッカバケ（サシルイの向こうに若干見えている）、そして知床硫黄山。正断層の割れ目が三峰とサシルイの山頂部分に見える。知床硫黄山には巨大な火口が2つあるが、ここからは手前の南岳大火口の火口壁だけが見えている。

2

まずは現地案内

硫黄で埋まったカムイワッカ川 ——————————

　ここで改めて、周辺環境を説明しておきたい。

　知床硫黄山に一番近い町は斜里町のウトロだ。そこにはコンビニ
や小さな医療施設、ホテルや旅館民宿が立ち並ぶ。ウトロで弁当や
水を調達してそこから道なりに25km先のカムイワッカバス停まで行
く。8月1日から25日までは、混雑防止のためエンジンつきの自家
用車（自動車、バイク）の乗り入れが規制されているので、ウトロか
あるいはその先の知床自然センターからバスに乗ってカムイワッカ
バス停で降りる。エンジンつきの乗り物でカムイワッカバス停まで
行ける期間は、バスは出ていないので、車で行くか、ウトロでバイ
クか自転車をレンタルしてカムイワッカバス停までいく。

　知床五湖という有名な観光地の手前を右に曲がってガタガタの砂
利道の林道を12kmほど行くとカムイワッカに到着する。この林道は、
ヒグマやエゾシカ、キタキツネ、エゾリスなどいろんな動物が出て
きて楽しい。きれいなチョウが花の周りで舞っていたり、おもしろ
い植物が生えていることもある。

　図1-2の地図（12ページ）を参照してほしい。カムイワッカバス停か
ら500mほど歩いたところがカムイワッカ川だ。地図には黄色い丸
に「1」と書いてある。温泉の水が流れているので、水は生ぬるい。
湧き出し口は橋から上流へ30分ほど登ったところにあって、そこか
ら熱湯が湧きだしている。2005（平成17）年までは自由に行って滝つ

ぽで水浴びもできたのだが、滑って転ぶ人がいたり落石の危険があるということで立入禁止になってしまった。個人的にはとても残念である。

　生ぬるいとはいえ温泉の水で、以前分析したところ、鉄、カルシウム、マンガン、マグネシウムなどミネラルがたっぷり含まれていた。硫酸イオンや塩化物イオン、水素イオンも大量に入っていて、大ざっぱに言えば、「硫酸」の川だ。10円玉を入れるとピカピカになる。

　カムイワッカ川は、1936(昭和11)年当時、大量の硫黄で埋まっていた。図2-1は、硫黄で埋めつくされたカムイワッカ川だ(図1-2の2番)。立入禁止となっているカムイワッカ湯の滝のあたりから撮影されたもので、上の方から硫黄が流れてきて固まっているようすがよくわかる。写真には人間も写っているので、規模の大きさにも驚かされる。

　さて、カムイワッカ橋から先、登山口までの道は、現在は鉄でできた堅固なゲートで閉ざされている。ただし、その手前の箱の中の書類に住所や名前を記入したらゲートの脇を通って向こうへ行ってもいいことになっている。この道路は1936年当時は存在せず、道路の真上辺りを素道という鉱山用のロープウェイが通っていた。カムイワッカ橋から440mほど行ったところで海の方へ尾根が伸びているが、その尾根の上に当時の素道を支えていた柱があったようだ。ここから海岸の崖の上まで素道が伸びていた。

　そこからさらに120mほど行くと、右側に看板が見えてくる。そこが知床硫黄山の登山口だ(図1-2の3番)。ここから急な坂を登りきると道は右へ曲がる。左にも道らしき痕跡が見えていて、かつては続いていたことがわかる(図1-2の4番)。そこから1号火口までの道は、鉱山時代に使われていた歴史的な古道だ。

図2-1　硫黄で埋めつくされたカムイワッカ川
（1936年 9 月15日　渡邊武男氏撮影）

熊よけの鈴を鳴らしながら、あるいは笛を吹きながら登山道を登っていくと、カムイワッカ川が見下ろせる展望所に到着する(図1-2の５番)。図2-2は1936年９月17日にちょうどこの場所で撮影された写真だ。カムイワッカ川は右の方で火口沢と合流する。カムイワッカ川は右側だ。火口沢は大量の硫黄で埋まっているのがわかる。

　ここから先の登山道はハイマツにおおわれた尾根伝いに伸びる。図2-3は、ここから少し先の岩山に登って撮影された写真のようだ。

　左右から伸びるハイマツがつくるトンネルを抜けると、鉱山施設の石垣が見えてくる(図1-2の６番)。石垣の上は平坦なスペースになっていて、休憩にはちょうどいい。はっきりわからないが、おそらくこの石垣も索道の駅ではないかと思う。またカムイワッカ湯の滝の上の温泉が湧き出しているところがここから見える。朝や曇りの日は湯気が上がっている。

　鉱山施設の石垣の下には急傾斜の枯れ沢が通っている。これが先ほどカムイワッカ展望所で見た火口沢だ。今はすっかり硫黄がなくなっている。登山道はこの先この火口沢の中の大きな岩場を通る。その岩の表面には溶融硫黄が流れた当時の硫黄がところどころに残っている。かなりきつい岩場だが、登山家は軽々と登っているようだ。その岩場を登りきったら、そこから１号火口までわずかなハイマツや草が生えているだけの裸地になる(図2-4)(図1-2の７番)。さっき通った火口沢は右側にあって、１号火口まで続いている。

　ここから見渡すと斜面は白い大きな岩でおおわれている。なぜ岩が白いのかには、理由が２つある。

①もともと黒かった安山岩が火山ガスによって熱水変質し、黒い鉱物が分解して白い粘土鉱物ができたため。

②岩の表面を石膏がうっすらおおっているため(顕微鏡やルーペで

図2-2　展望所から見た火口沢
（1936年9月21日　渡邊武男氏撮影）

図2-4　地点7から見た1号火口周辺

図2-3　カムイワッカ川を埋めた硫黄（1936年9月16日　渡邊武男氏撮影）

図2-5　火口沢を埋める硫黄
（1936年9月18日　渡邊武男氏撮影）

観察したり、ナイフでひっかいたりした結果、石膏らしいと判断したが、あまり自信はない)。

このあたりの1936年当時の写真 (図2-5) を見てみると、火口沢は完全に硫黄で埋めつくされていることがわかる。実際ここから登山道を登っていくと、火口沢はもちろんのこと登山道沿いの岩にも硫黄がついているのを見つけることができる (図1-2の8番)。

さらに進むと、地面がピンク色の粘土になる。手を触れてみるとぽかぽかと暖かい (図1-2の9番)。そこは地熱が上がってきているところで、岩石が変質して粘土にまで分解したところだ。つるつると滑りやすく、たくさんの登山家が滑った跡がある。ときどきヒグマの足跡もあって、ヒグマでさえ滑っているのを見ることがある。

登りきったところで右を見ると直径40mほどの窪地があって、そこは大広間と呼ばれている (図2-6) (図1-2の10番)。やはりここも噴火当時は硫黄で埋めつくされていた (図2-7)。大広間で硫黄流は分岐して、一部は向こう側のハイマツの茂みを流れてカムイワッカに流れ込んだ。大広間は陥没クレーターだ。後でくわしく説明するが、「大曲線」と呼ばれる構造曲線の上にある。大曲線にそって1号火口、B噴気孔など何か所かで陥没している。大広間も陥没して窪地になった。この大広間のそばを通っている帯状の溶岩流は、大広間の部分だけ丸く欠損している。そのため、ここが陥没したとわかった。

硫黄に気泡ができる理由

大広間の中にも岩の表面やくぼみに硫黄が残っている。よくよく見てみるとおもしろいことがわかる。図2-8の硫黄は気泡(小さな穴)がぶつぶつとあいているが、その穴が真ん中に偏っているのがわかると思う。端の方、つまり岩に接している部分にはあまり気泡がない。これは大広間や火口沢の他の岩にくっついている硫黄におお

図2-6　大広間（2014年8月31日）

図2-7　噴火当時の大広間（1936年8月12日　中島氏撮影）

よそ共通している。図2-9の塊は地面に落ちていたものだが、気泡がないのっぺらぼうの部分が周囲を取り巻いている。

　こうなる理由がとても重要なことなのである。まず、溶融硫黄が流れてきて冷たい岩に接して急激に冷えた。気泡があるということはガスが溶融硫黄に入っていたということだが、急冷したときは気泡はなかったことになる。気泡がない溶融硫黄が冷たい岩に触れて急激に冷やされて気泡のない部分ができた。それから溶融硫黄がだんだん冷えてくると、溶融硫黄に溶解していたガスが泡立ち始めた。コカコーラが泡立つように液体の硫黄に溶けていた成分が気体となって泡がブクブクと出てきたのだ。それがこの硫黄の塊の真ん中部分ということになる。

　このガスについてもう少しつきつめていくと、先ほど少し説明した粘性（ネバネバする性質）が関わっている。純粋な硫黄であれば、160℃以上になると粘性が上昇して固まりかけのボンドみたいになって流れにくくなる。しかし、コカコーラに二酸化炭素が溶けているように溶融硫黄に硫化水素が溶解していると160℃以上でもサラサラ流れると、産業技術総合研究所の中村光一さんに教えていただいた。この気泡のすべてが硫化水素なのかどうかは今のところわからないが、一部は硫化水素だ。溶融硫黄はまだ地下にあるときに火山ガスが溶解していて、火口から出てきて固まるときにブクブクと泡立って気体となって大気中に逃げていったということだ。

　ところで大広間の東側斜面には、モウセンゴケという食虫植物（虫を食べる植物）が群生している（図2-10）。触覚のようなものがたくさん出ていて表面をおおう透明のネバネバに虫が捕まって、体が溶けている。

図2-8　気泡があいている硫黄
　岩に接している部分には気泡がほとんどない。

図2-9　地面にあった硫黄の塊
　岩の穴の中にあったと思われる。岩に接していた外縁は気泡が少ない。

図2-10　モウセンゴケ

1号火口の噴気孔と強酸性の温泉

　いよいよ溶融硫黄を噴出した1号火口へ向かう。登山道をさらに30〜40mほど進むと、赤く酸化した丘がある。登山道はそこへのびているが、そちらには行かない。左に見える真っ白な砂利の傾斜を登っていく。1936年当時、ここを溶融硫黄が流れ下った。図1-4の写真の場所がここだ。白い砂利を登ると足がずるずる滑るので、少し左よりの岩の方を歩くと登りやすい。そして登りきったところが1号火口だ(図1-9、図1-2の11番)。

　硫黄を噴いた場所は、図2-11の写真のように、1936年当時1号火口は大量の硫黄で埋まっていた。図2-12は2012年8月14日に撮影した写真だが、この写真中央少し左よりのあたりから溶融硫黄が噴出した。写真を見てわかるように、この火口では岩石が変質して白くなっている。岩はボロボロで、左側に見えている東側火口壁などは今にも崩れ落ちそうだ。

　この火口は主に2つの大きな噴気孔があり、その他にも小さな噴気孔がいくつもあって、特に朝や夕方の気温が低いときや湿度が高いときには湯気が上がっているのがよくわかる。図2-13は朝方撮影したので噴気がよく見える。手前の噴気を「噴気孔A-1」、後ろの噴気を「噴気孔A-2」と名前をつけた。

　一番手前に温泉湧きだし口があるのだが、この写真を撮影したときは温泉は止まっていた。温泉は強酸性の92℃のお湯だが、大雨が降って何日か後くらいに湧き出すようだ(図2-14)。温泉は湧き出してから20mほど流れて地面にしみ込んでいく。湧き出し口から2mほどは流路に細かな針状の黄色い硫黄の結晶が無数にできていて全体的に流路が黄色く見える。

　不思議なことに、温泉が湧いているときは噴気孔A-1の噴気は止

図2-11　１号火口
（1936年９月14日　渡邊武男氏撮影）

図2-12　溶融硫黄を噴出した場所

噴気孔 A-2

噴気孔 A-1

温泉湧出口

図2-13　火口の噴気孔（2017年７月８日）

図2-14　強酸性の温泉（2014年７月15日）

まってしまう。逆に温泉が止まったら、噴気孔 A-1から火山ガスが出てくる。これは何か地下に特殊な構造があるからだろう。その辺りの仕組みも、よくわかっていない。

この温泉は堰止めて湯船を作ったとしても、熱すぎて入浴することはできない。なら、温泉卵だ！　ウトロの町で生卵を買ってきて、調査の前に卵をお湯の中に入れてみた。お湯に入れたとたん、白い殻からシュワーッと泡が出た。二酸化炭素だろう。玉子の殻と強酸性の温泉が反応しているのだ。このまま殻が全部融けてしまうのだろうかと心配したが、泡の出たのは最初だけで、全体が泡に包まれるとそれ以上は出なくなった。おそらく泡が全体をおおったために温泉と殻とが直接触れなくなったのだろう。２時間くらい放置して見にきてみると、殻はまだ残っていた。けれど、だいぶ薄くなって今にも割れそうだ。ゆで卵として、おいしくいただいた。

大曲線と４号火口

１号火口の横をすり抜けて北東側の斜面を登っていく。東側火口壁の上まで来ると、北の方に巨石が積み上がっているのが見える。いったいどうやって巨大な岩があんなに積み上がったのだろう。その岩山のてっぺんに行ってみる（図1-2の12番）。地形図を見ると標高659mとある。景色がよく、空気が澄んでいるときは70km離れた網走まで見える。

それにしてもうまく岩が積み上がったものだ。北海道防災会議の資料によると、これは噴出物ということになっているのだが、こんなにうまく積み上がるものだろうか。不思議な「噴出物」だ。

岩の上に登って知床硫黄山の緑色の三角の山頂を眺める。雄大な景色だ。手前の方には白い大きな岩が曲線を描くように並んでいる。図2-15の写真では、右下の方から左斜め上に向かって白い岩が続い

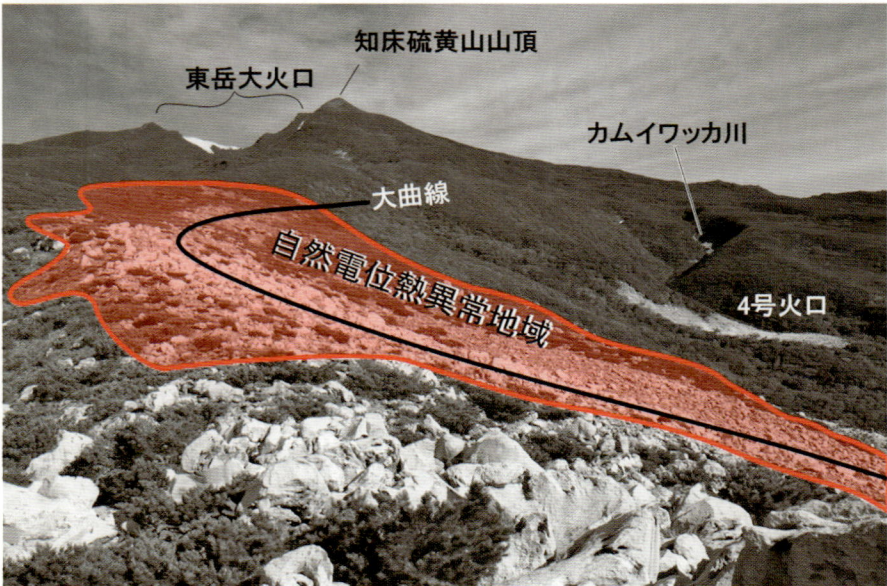

東岳大火口

知床硫黄山山頂

カムイワッカ川

大曲線

自然電位熱異常地域

4号火口

図2-15　白い岩や噴気孔が連なる大曲線と「自然電位熱異常地域」

ている。ゆるいカーブを描いているのだが、途中から右へキュッと曲がって山の方へと続く。このカーブは後で紹介する空中写真を見て発見した。

　写真右の方に4号火口がある。この火口は僕が知床硫黄山に通い始める何年か前にもうもうと噴煙をあげていたらしい。ハイマツのすごい茂みの向こうにあって、2012（平成24）年に一度行ってみようと思ったが、密集するハイマツと大きな岩にはばまれて方向がわからなくなってしまった。戻ろうにも来た方角も見失って、危うく遭難するところだった。茂みから出てきたときは、シャツの中に木の小枝や枯れ葉がいっぱい入っていた。2014年に再チャレンジしたときは、コンパスを持って常に同じ方向に進むようにし、やっと4号火口に到達した。枯れて白くなったハイマツの木の林があった。地面には真っ黒に炭化した木がところどころに見られた。きっとかなりの熱が上がってきていたのだろう。僕が訪れたときは噴煙はほとんどなかったが、硫化水素の匂いがきつく、危ない火口だった。

　さて、図2-15には「自然電位熱異常地域」として赤で示している部分がある。後にくわしく述べるが先回りして言ってしまうと、知床硫黄山はここの地下で硫黄を作っているのだ。

山頂周辺は危険地帯

　つづいて、山頂周辺を紹介しよう（図2-16）。2014（平成26）年7月25日、山頂に登ってみた。朝2時に起きてウトロを出発し、登山口から登り始めた。山頂の標高は1562mである。7月中旬くらいまでならシレトコスミレという珍しい花が見られるそうだが、その時期は過ぎてしまっていて、僕はまだ見たことがない。

　山頂へ行くには、登山道をさらに登っていかねばならない。1号火口の裸地を過ぎると登山道はササの中に入る。横からハイマツの

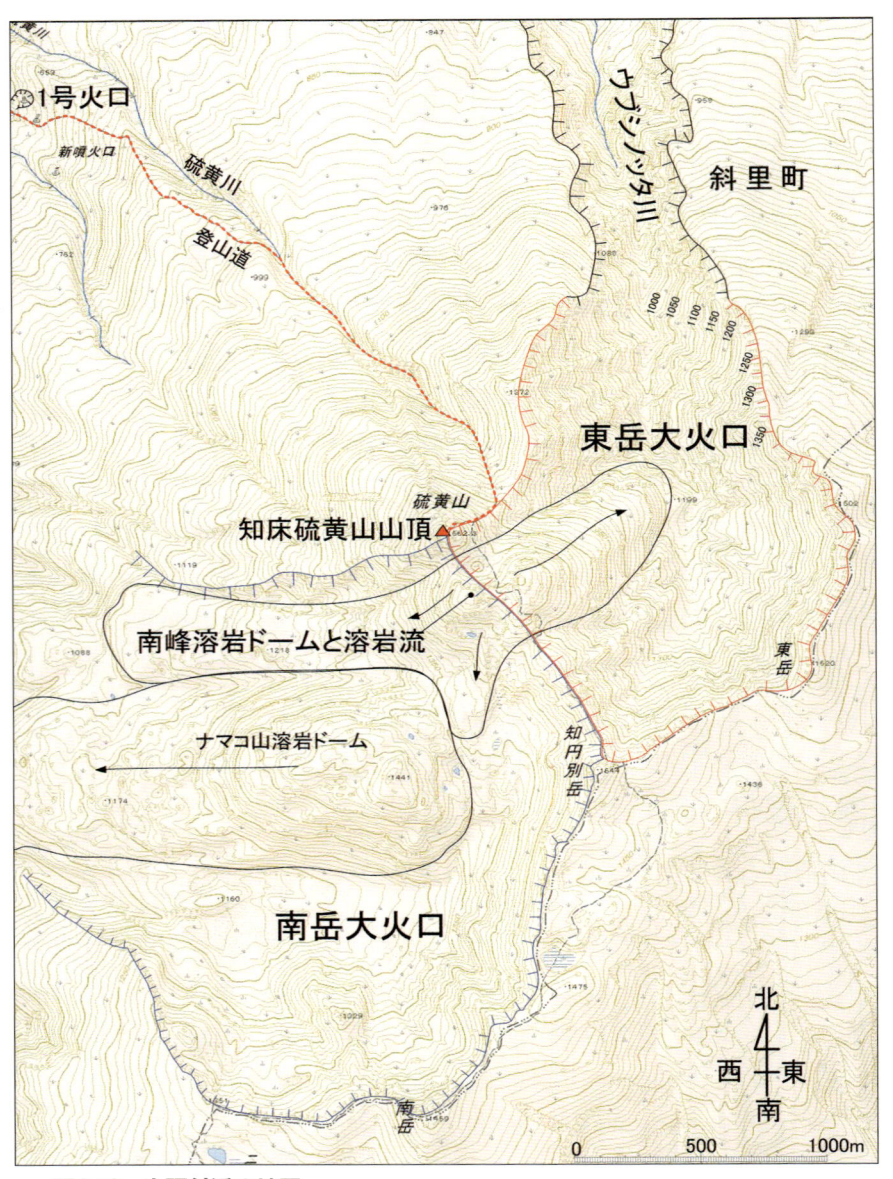

図2-16　山頂付近の地図
　　　直径が1.5〜2kmにおよぶ巨大な火口が2つある。

枝が飛びだしてきていて枝を踏みつけたり下をくぐったりとかなり
きつい。しかも途中には岩場もあり、穴に落ちたら大変だ。

　硫黄川という川に出て川の中の水が流れていないところを見つけ
て歩く。さらに登っていくと川は雪渓に埋もれる。夏だと言うのに
雪が残っているのだ。雪の上を滑らないように慎重に登っていく。
硫黄川はもうすっかり水がなくなって枯れ沢になり、登りきると山
頂のすぐ下だ。その辺りは岩の色がとても変わっている。火山地帯
ならさほど珍しいことでもないのだが、岩がほとんどすべて火山ガ
スで朽ち果てて熱水変質している。白く変質したもの、赤さびのよ
うに変質したものなどさまざまだ。

　山頂の岩山に登っていくと、登山道はだんだん傾斜がきつくなっ
てきて、垂直に近くなるので結構怖い。僕が登ったとき、いつの間
にか登山道からはずれてしまい、知らぬうちにボロボロと崩れやす
い崖を登っていた。崖の岩が今にもはがれて転がり落ちそうだった。

　草や岩にしがみつきながらゆっくり慎重に登った。それでも滑落
しそうになる。かといって引き返すのも難しい。何とか進もうと足
を動かしたとき、岩が崖からはずれて転がり始めた。下には登山者
４人が登ってきていた。

「落ちた！　石が落ちた！」

　僕は慌てて大声で叫んだ。ゴロゴロと容赦なく石は転がり落ちて
いく。下の４人も驚いて、まわりを見渡している。幸い石は別の方
向へと転がり落ちていった。誰もケガをしなくてよかったと喜んだ
のはつかの間、もう一度足を動かしたら、また人の頭くらいの大き
な石が転がり始めた。

「落ちた！　また落ちた！」

　幸い今度も石は別の方向へと転がっていった。一度ならずも二度
までも。僕は４人にただただ謝り、岩壁にへばりついたまま動けな

くなってしまった。すると4人の登山者の年配のリーダーがすぐ近くまで登ってきた。僕は必死だというのに、その人は軽々と登ってくる。ただ僕から3mほど離れたところを登っていく。そこで初めて気づいたのだが、僕はいつの間にか登山道からはずれて危険な崖を登っていたのだった。「こっちだよ」と教えてもらい、登山道にもどることができた。登山道は地面がしっかりしていて結構登りやすい。その人の後ろについて山頂に登った。

　山頂は平坦（へいたん）で、草が芝生（しばふ）のように生えている。花まで咲いていて、まるで天国のようだ。天国と地獄とは隣合わせだったのだ。

　それから3週間後の8月14日、ヘリコプターがけたたましい音を立てて知床硫黄山山頂上空を飛んでいた。後で知ったのだが、僕がかろうじてしがみついていた崖から男性が滑落して死亡したのだった。登山は大変な危険がともなうものだと改めて思った。

円錐形だった山に起こった山体崩壊

　登山知識もない僕がわざわざ怖い思いをして山頂に登ったのはなぜか。一度は山頂に登ってみたかったという気持ちは確かにあった。しかしそれ以上に、知床硫黄山の内部を見たかった。山頂からだと大きな火口の中に現れた火山体内部がよく見えるのだ。

　知床硫黄山はもともと富士山のようなきれいな円錐形（えんすいけい）の形をしていたらしい。

　斜里町立知床博物館編『知床の地質』（北海道新聞社）という本によると、3700年前にナマコ山溶岩ドーム (図2-16) を形成した溶岩が地下から上がってきて山体が膨張（ぼうちょう）し、山体崩壊（さんたい）を起こした。山の上半分がどぉっと崩れたのだ。流れてきて土砂によって知床五湖ができたのだという。山体崩壊をすると「流れ山」という小さな山がいくつもできるのだが、実際に知床五湖の遊歩道を歩いてみると小

さな山がいくつもある。

　現在の知床硫黄山の山頂は、山体崩壊して上半分がなくなった元円錐形の火山の、残った部分の一番高いところなのである。つまりもともと「山腹」だったところが「山頂」になったのだ。この山頂部分には直径2kmの南岳大火口と直径1.5kmの東岳大火口という巨大火口が2つもぱっくりと口をあけていて、それをとりかこむように南岳、知円別岳、東岳、知床硫黄山山頂などなどピークがいくつもある。それらもやはり崩れたときに残った高い部分だ。

　山頂付近では火山体の内部がよく見える。まずは図2-17の山頂の写真を見てみよう。1号火口からみたときは緑におおわれているように見えたが、反対側からみると岩がごつごつしていていかつい。図2-17を岩の色に注意して観察すると、上には黒くて重くてしっかりした硬い安山岩があり、下の方は白く変質したやわらかくてもろい岩石でできていることがわかる。土台になっている下の方がボロボロと崩れるわけだから、僕のように不慣れな登山者がそこを歩くと硬い安山岩がぼろぼろと転がり落ちていくことになる。

　図2-18は知円別岳と言う山頂の向かい側の山だ。これもすごくわかりやすい。下の白い部分はすっかり熱水変質が進んで砂のようになっている。上に乗っかっている重くて硬い安山岩は不安定になってボロボロと落ちている。下のほうにたくさんの落石が見える。これを見ていると今にもどぉっと崩れ落ちそうだ。きわめて危険な場所だとわかるが、僕が石を落して迷惑をおかけした登山者たちは、僕と別れた後、この写真中央から左寄りの岩がボロボロと落ちているところを歩いていった。

　つづいて図2-19は、東岳大火口の火口壁だ。何百メートルもにわたって垂直の崖が屏風のように立ちはだかっている。ここも状況は同じで、上方にシート状の安山岩溶岩が何枚も重なっているのが

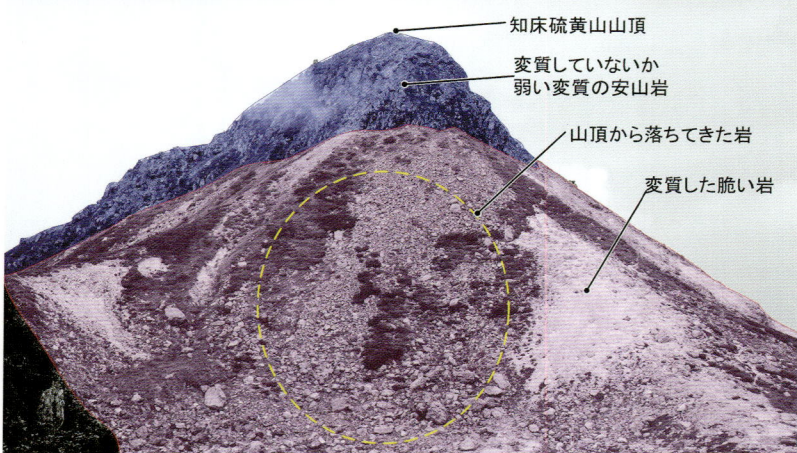

知床硫黄山山頂

変質していないか
弱い変質の安山岩

山頂から落ちてきた岩

変質した脆い岩

図2-17　山頂部の岩の違い

図2-18　知円別岳

見え、下の方は熱水変質した白くて赤茶けたもろい岩石でできている。

この火山は内部は熱水変質してもろくてくずれやすく、上部は硬い安山岩でできていることがわかる。だからこそ山体の上半分は山体崩壊を起こしてくずれさってしまったのだろう。これだけ山体を熱水変質させるということは、かなりの火山ガスが地下から上がってくるのではないかと僕は思っている。

図2-19　東岳大火口の火口壁
　　上部70mほどはわりとしっかりした安山岩でできているが、その下は火山ガスで熱水変質して、ボロボロと崩れやすい。

カムイワッカ川周辺の鉱山跡

　カムイワッカ川は温泉が流れる川で知られており、夏には多くの観光客が訪れる。カムイワッカ橋から100mほど登った滝のところから左の斜面に入ると小さな平坦地があり、苔むした石垣が草木の間に見え隠れしている。それが次ページの地図のB地点だ。そこは硫黄鉱山時代に「索道（さくどう）」と呼ばれたロープウェイの上の駅があったところだ。

　そこから斜面を登っていくと、小ぶりな家なら建つくらいの広さの平坦地（へいたんち）がある。石垣があるので、わざわざ造成したようだ。石垣の隙間から木が生えていて、まるでアニメ映画『天空の城ラピュタ』（1986年）に登場する滅びた古代文明の遺跡みたいだった。その平坦地がA地点。A地点からカムイワッカ川に向かって細い道が続いている。

　1936（昭和11）年の鉱山時代の写真を見てみると、その細い道にはトロッコの線路があってカムイワッカ川の硫黄をA地点の平坦地に運んでいたようだ。おそらくA地点でいったん硫黄を集積して、斜面を滑らせるように硫黄を落としてB地点に運んだのではないだろうか。

　B地点で索道の荷台（籠（かご）のようなもの）に乗せて空中のケーブルにそって海岸の崖っぷちにある索道の周辺まで運んだ。地図にあるように、索道は現在の車道の上を通っていた（C地点）。そこから尾根の上に中継地点があって、そこからさらに海岸へと続いていた。

カムイワッカ湯の滝付近
（次ページ地図のA地点、
9月高松敏雄氏撮影）

　索道の上の駅から現在の登山口までには人が歩ける道があって、現在も残っている。

　現在の登山道は昔の鉱山道だった。登山口から急な道を登りきったところから左へ曲がると海岸の方へと続いている（D地点）。道は現在の車道に一旦出るが、車道の向こうにも道は続いている（E地点）。さらに、つづら折りになって海岸の崖の索道の終点に続く。

　索道の終点（F地点）では、石垣が組まれて小さな平坦地が作られている。石垣の上には機械を設置したようなコンクリートの構造物が残っている。索道を使って運ばれた硫黄は、この終点でおろされ、さらに海の方へ落された。そこで船積みだ。

海岸に堆積した硫黄
（地図の F 地点、9 月
15日渡邊武男氏撮影）

石垣の上のコンクリート構造物。

F地点 索道の終点。索道で運んだ硫黄をここでおろし、海岸の崖下に落とした。

A地点 傾斜地に石垣を組んで平らな土地を造成。採掘した硫黄の集積地か？

現代の地図に1936年当時の鉱山施設を書きこんだ図

　カムイワッカに堆積した硫黄はA地点に集積され、そこから斜面をB地点に落とされた。B地点で索道の荷台に乗せられ、索道を使ってF地点まで送られた。F地点で硫黄は下ろされ、海岸崖を海岸に落とされた。そこで船積み。鉱山時代の道の一部は、現在登山道として使われている。

3

1号火口周辺に見える大きな曲線

　2009（平成21）年8月、京都府舞鶴湾の新日本海フェリー乗船場に僕はいた。全長224mの巨大フェリー「あかしあ」の白いペンキで塗られた巨大な鉄の巨体が、海の前に立ちはだかっていた。2つの入口から船腹へ貨物を積んだ大型トラックが次から次へとすいこまれていく。北海道を目指す旅行者の乗用車やライダー、チャリダーは船の横の駐車場に数珠つなぎになって並んでいた。その中に僕の小さな軽自動車もあった。23時半ごろ大きな傾斜路へ車を進入させ、「あかしあ」の船腹へと突入した。0時30分、ゴォーという音とともにサイドスラスターが岸壁に激流を吐き出して離岸した。白い巨体は、墨汁のような真っ黒な海の上を静かに進み出し、1060kmの航跡を描き始めた。

　日本海の大海原の航海は知床硫黄山の調査のちょっとした楽しみだ。船は20時間かけて20時半ごろ小樽に到着。夜通し車を走らせて斜里町へと向かう。夏の京都は灼熱地獄だったが、斜里町に来てみると深い霧がかかっていて長袖でも寒い。

渡邊氏の1号火口地下想像図

　さて、渡邊氏は1号火口の地下構造についてこんな想像図を描いている（図3-1）。現地で一連の噴火を観察した結果をもとにして描いたものだ。もともと英語で書かれた論文の図解だったが、図に色を塗って日本語に訳してわかりやすくした。この図によると、火口底の地下に空洞があってそこに溶融硫黄と熱水、蒸気が貯まっている。

蒸気の圧力によって溶融硫黄がしぼり出され、さらに熱水もしぼり出されるというものだ。

　図の中の「集塊岩」は一般には大小の岩石が溶岩で凝結されたものをさし、ここでは熱水変質してボロボロになった小さな石がたくさん集まってできている地層のことをいうのだと思う。1号火口の火口壁はそういうものでできていて今にも崩れ落ちそうだ。渡邊氏は、そうした小石と小石の隙間に硫黄が生じると考えた。実際、東側火口壁の一部は小石の隙間に硫黄が詰まっている。

　しかし、本当に1号火口の地下で硫黄ができているのだろうか。地下空洞の中の硫黄は吐き出された後、また供給されるわけだが、この図では地下の集塊岩から硫黄が供給されることになっているように見える。

　また、仮に1号火口の地下に11万6523 tの硫黄を蓄える空洞があるとすると、火口と同じ直径の円筒形の空洞である場合、少なくとも深さは46mになる(図3-2)。大空洞と言ってよい巨大さである。1号火口は火山ガスが噴出していて火口壁などの岩がボロボロに変質している。ところどころ陥没しているところもある。その地下に、こんな大きな空洞があったら、崩れない方がおかしい。

　それに、知床硫黄山は数十年おきに数万トンの硫黄を噴出しているが、この直径40m、深さ46mの空洞で数十年で数万トンの硫黄が作れるのだろうか？　おそらく火山ガスから硫黄が析出されるのだと思うのだが、もしそうだとしたら、かなり早いペースで硫黄を作られなければ、数十年に1回の噴火は無理なのではないか。

　「硫黄製造工場」はどこか別のところにあって、これとは異なる仕組みで操業しているように思えてならない。そんなことを考えながら、ふと見上げると青い空を背に知床硫黄山の山頂が見えていた。硫黄山が、うすら笑いを浮かべてこっちを見ているように見えた。

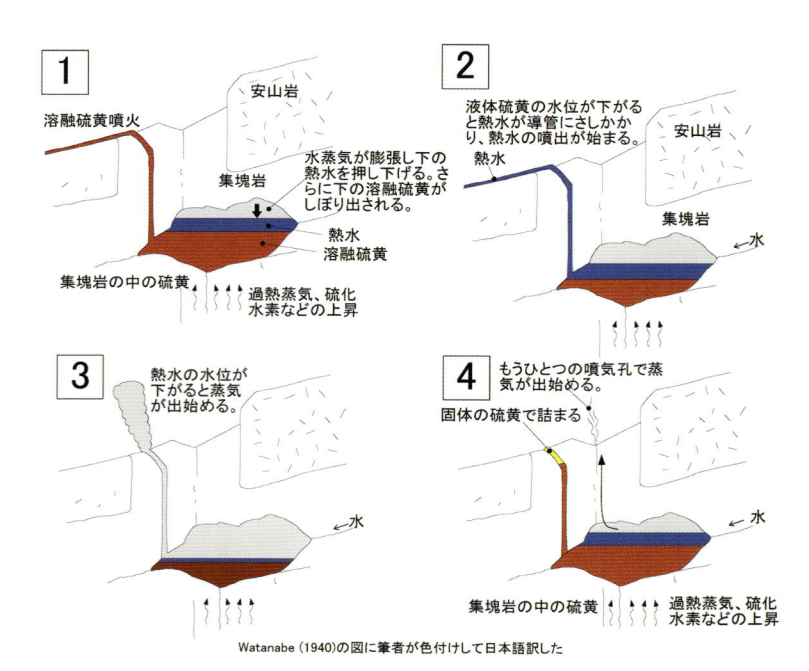

図3-1　渡邊武男氏による1号火口の地下想像図

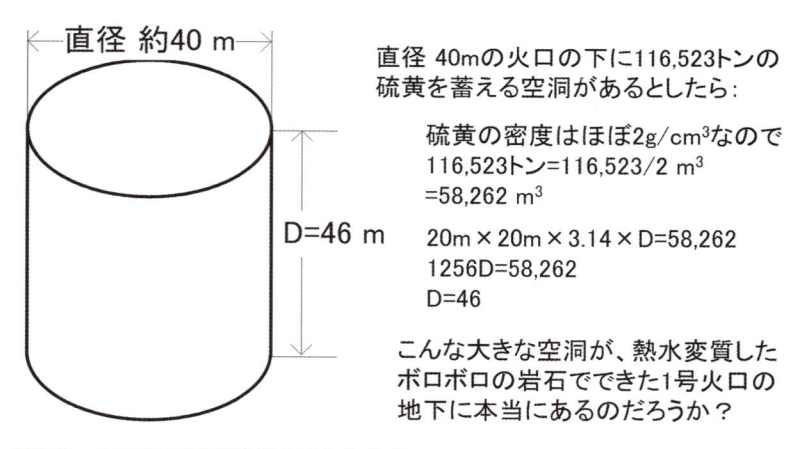

直径 40mの火口の下に116,523トンの硫黄を蓄える空洞があるとしたら：

硫黄の密度はほぼ$2g/cm^3$なので
116,523トン=116,523/2 m^3
=58,262 m^3

$20m \times 20m \times 3.14 \times D = 58,262$
$1256D = 58,262$
$D = 46$

こんな大きな空洞が、熱水変質したボロボロの岩石でできた1号火口の地下に本当にあるのだろうか？

図3-2　火口の下に空洞があるとしたら

空中写真を観察してみる

　地下で硫黄が生み出される別の仕組み、別の場所を突き止めることが、僕の課題となった。

　まず手始めに空中写真を観察してみることにした。京都大学のすぐ隣に関西地図センターという地図の専門店がある。そこへ行って地図で知床硫黄山の位置を指しながら空中写真を注文した。１枚3600円なり。それは国土地理院が1978（昭和53）年10月に高度2700mから撮影したものだ。25cm×25cmという巨大なフィルムの特殊なカメラで撮影されていて、そのフィルムを印画紙に密着させて感光させる「密着焼き」という方法で作られた写真だ。それを２枚買った（図3-3）。

　この２枚は飛行機が１号火口の上空を通過するときにそれぞれ上空の別々の場所から撮影したものだ。つまり、飛行機は高度2700mを水平飛行しながら、ある場所でパチッと撮影する。少し進んだところでまたパチッと撮影する。前に撮った写真と後で撮った写真とでは、写っている地面の範囲が全体の３分の２くらい重なっている。３分の２も重ねるなんてフィルムと印画紙がもったいないと思うかもしれないが、実はこの重なった部分が重要なのだ。

　２枚の写真は空中の異なる場所で撮影されたものなので、比べてみると微妙にズレている。飛行機から距離が遠い谷が深いところや標高が低いところはズレが小さいが、飛行機に近い山の頂上などはズレが大きくなる。ということは、この２枚の写真を左右に並べると３Ｄ写真になる。写真の向こう側を透視するような感覚で見ていると、山や谷、火口が立体的に見えるのである。こういう写真の見方を「実体視」という。地学の世界では、空中写真を実体視して断層を発見する研究者もいる。

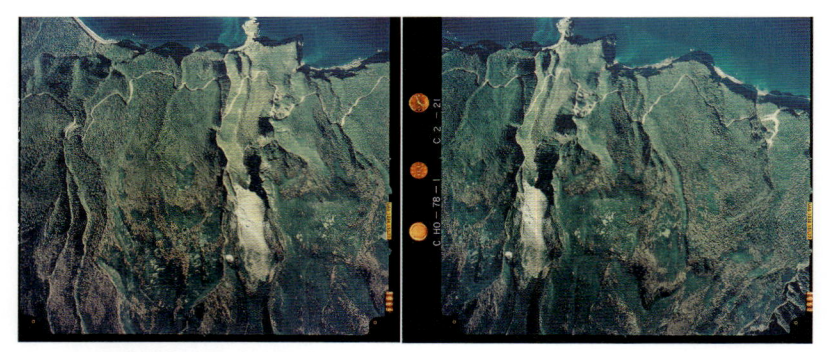

図3-3　知床硫黄山の空中写真

　1週間くらいしたら注文していた空中写真が郵送されてきた。さすが、25cm×25cmのフィルムで撮影しただけあって、解像度がきわめて高く、10倍のルーペで地上の岩や木の細かいところまで見える。

　さっそく左右に並べて実体視してみた。カムイワッカ川や硫黄川の深い谷が実際に空中から見ているようだ。1号火口や大広間がくぼんでいるのも見える。ただ、肝心の1号火口周辺は、白い岩や砂礫でおおわれているので全体的に白く飛んでしまっており、明るすぎてよくわからない。

　そこで、1号火口周辺部だけを拡大して実体視してみることにした。入手した空中写真2枚をキャノンのスキャナーで高画質に設定してスキャンする。その画像データをパソコンに移して、フォトショップエレメントというアドビが出しているソフトウェアに読み込む。まずはトリミングをして1号火口周辺の部分だけを切り抜く。2枚ともトリミングして一緒にして左右に並べる。このとき正確に左右に並べないと、なかなか立体的に見えなかったり目がすごく疲れたりしてあとあと苦労するので慎重に慎重に微調整する。

　さらに1号火口周辺は真っ白でよくわからないので、明るいところを暗く、暗いところ（ハイマツの地域）を明るくする処理をする。そ

うすると段々見えてくる。そして色を強調する。

こうしてできたのが、図3-4である。左右の写真と目と目のラインを平行にして、写真の向こう側を見るような感覚でじっと眺めてみよう。

1号火口周辺の起伏、陥没、微妙な高低差が一目瞭然となる。しかも少し暗めにして、さらに色をわかりやすくしているので、地面の色の観察もできる。

「大曲線」の地下に何かがある？

これを基に、地名を入れたり崖や温泉・噴気の位置を書きこんで図3-5を作った。実は最初に画像編集したときはもっと真っ黒に近かったが、今回はもっと見やすくした。立体写真の図3-4と比べながら見てほしい。

1号火口周辺で一番注目すべきなのは、「大曲線」と名づけた構造曲線である。空中写真を画像編集して初めて見えてきたものである。図3-5に大曲線を白い曲線で描いているので、図3-4のどの部分かがわかると思う。色が白いところが点々と続いている曲線で、それにそって温泉や噴気孔、火口が並んでいる。左上のカムイワッカ源流温泉から始まって、大広間、1号火口、B噴気孔、C、D、E、F、G噴気孔と続く。G噴気孔のその向こうは植生がうすい（木が少ない）地域が続いている。何か地下にあるのではないか？

後でくわしく説明するが、この大曲線にそって火山活動が活発な地域があることがわかった。

夏の調査を終えて京都に帰ってからも、図3-4の写真を印刷してクリアケースに入れて持ち歩くようにした。通勤電車に乗ってリュックから出しては写真を見て実体視した。勤めていた会社に着いても休憩時間や昼食を食べながら、帰りにカレー屋でカレーを食

図3-4　1号火口とその周辺の立体写真
　写真の向こう側を見るような感覚で見ていると立体的に見える。

べるときも、まるで何かに取り憑かれたように、この写真を実体視した。気づいたことをクリアケースの上から赤いマジックで書きこむこともあった。そういうふうにして見つけたものを、夏に現地で確認したのが、図3-5と言うわけだ。

　1号火口から斜面上（図3-5の下の方）に向かってB、C、D、E、F、Gと噴気孔が点々と続いている。実際に行ってみると、BとCは結構噴気を出しているがD、E、Fは元気がない。しかしG噴気孔はかなり噴気を出している。B噴気孔からG噴気孔の大曲線状かその周辺の地下で硫黄が作られて、それが溶融硫黄となって地下トンネルを通って1号火口まできて吹き出すのだろうか？

　以下、第2章のくり返しになる部分もあるが、特徴となる部分について説明してみよう。

　まずは「大広間」。これは鉱山時代に鉱山関係者がつけた名前で、ここは陥没して窪地になっている。陥没したことは、4号火口から来ている溶岩流の端が大広間のところで欠損していることからわかった。図3-5を見てみると、赤い線で示した溶岩流が大広間のところでC字にへこんでいることがわかる。大広間が陥没したときに溶岩流のこの部分も沈んだためである。図3-4で実体視すればもっとわかりやすい。これは地上からの観察だけでは気づかなかっただろう。

　次に1号火口である。1号火口は地質の専門書では「中腹爆裂火口」と呼ばれている。そしてその周辺は1号火口の噴出物でおおわれているということになっている。しかしこれは半分以上間違いだ。確かに多少の噴出物はあるが、1号火口周辺の巨岩は噴出物ではなく、もともと1枚か2枚のシート状の安山岩溶岩だったものが火山ガスが浸透して熱水変質をしてバラバラに分離したものだ。一般に火山の噴出物は火口から距離が離れるほど直径が小さくなっていく

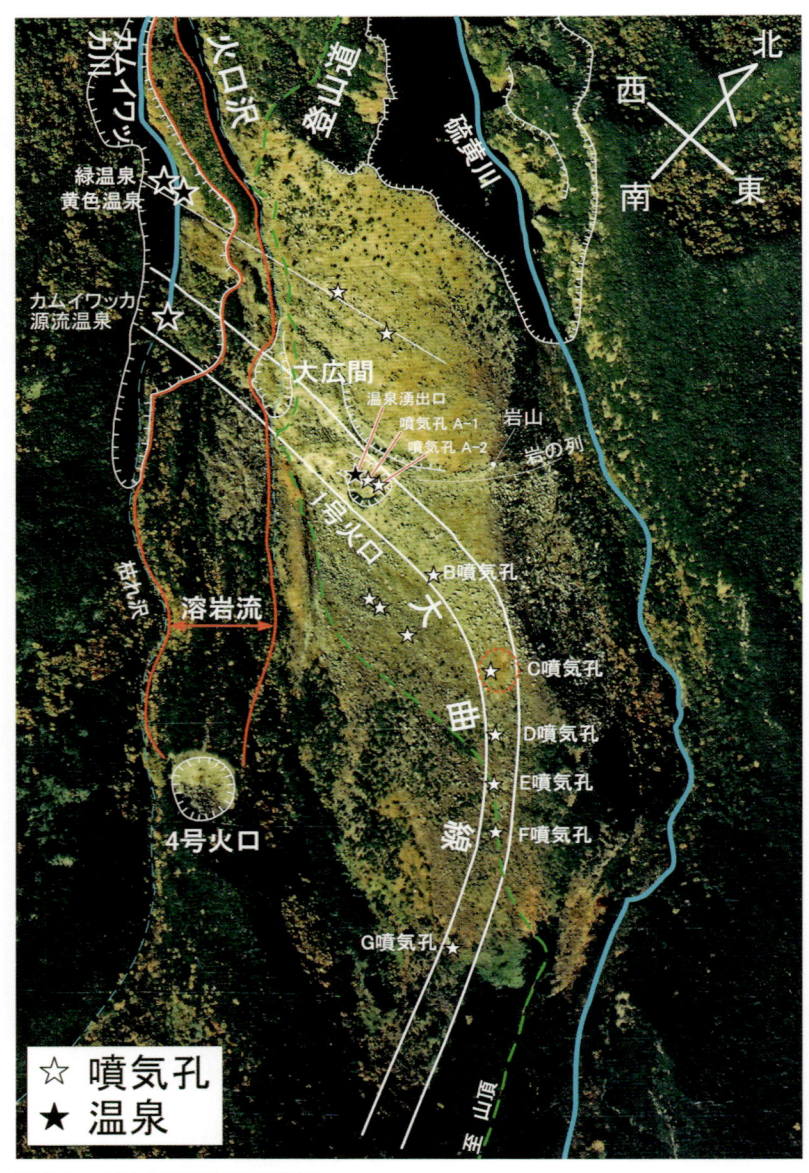

図3-5　1号火口周辺の構造図

とされているが、1号火口周辺の岩は距離が離れても直径が小さくならない。図3-6を見たら一目瞭然だ。火口から離れても直径は全然小さくなっていない。それに岩石が爆発で飛ばされたらバラバラになって角（かど）が尖（とが）った噴出物になる。ところが1号火口周辺の岩はむしろ角がなく丸っこいものが多い。明らかに噴出物ではない。

　もう一度、図3-4の空中写真と図3-5を見てみよう。大曲線とカムイワッカ川が交わるところに、「カムイワッカ源流温泉」があるが、この辺りのカムイワッカ川は垂直の崖（がけ）で囲まれている。そして大広間は陥没クレーターである。そして、おそらく1号火口も陥没した場所である。実際1号火口を訪れるといくつか陥没して穴があいているのが見られる。

　全体がぼそっと落ち込んだ火口で、これまでの書物に書かれてきたような爆発でできた爆裂火口ではなさそうだ。さらに1号火口から少し斜面を上がった大曲線沿いの噴気地帯にも陥没している場所がある。さらにB噴気孔も直径7mほどの陥没で、しかも真ん中に1mの大きな穴が開いていた。カムイワッカから近い方から大曲線沿いに陥没地形が連なっていることがわかる。

　陥没するということは、地下に空洞があるということか？　B噴気孔の向こうにあるC噴気孔、D、E、F、G噴気孔の辺りは陥没が見られないが、地下に空洞があることは十分考えられる。

　C噴気孔周辺は地面が赤く酸化している。理由はわからない。そして噴気孔がいくつかある。D、E、F噴気孔は、あまり活動していない。わずかに火山ガスが出ているくらいだ。噴気孔は1号火口に始まってG噴気孔まで続いているわけだが、1号火口からF噴気孔までは硫化水素を含む火山ガスを噴出する。

　G噴気孔のすぐそばを登山道が通っていて湯気が上がっているのがよく見えるのだが、ハイマツが茂っていてなかなか簡単には行け

知床硫黄山・1号火口東側斜面

知床硫黄山・1号火口西側斜面

十勝火山・62-II火口から飛ばされた噴石
黒い塊は、1989年の噴火で半分融けた状態で飛ばされた噴石だそ
うだ。火口に近いところは数メートルの巨大な塊がいくつも落ちてい
るが、右の遠く離れた場所では数十センチのより小さな噴石になる。

図3-6　知床硫黄山の「噴石」と、十勝火山の噴石の比較

ない。しかし大曲線にそってすすむと植生が少なく簡単にたどり着ける。

そして、G噴気孔は他の噴気孔とようすが大きく異なる。かなり活動が活発で遠くからでも湯気が上がっているのが見える。一方、有毒ガスはまったく出さないので周りに植物が茂っている。

予想した場所に温泉を発見

ここまでは大曲線沿いに標高が高い方へ斜面を上がっていきながら説明した。最後に大広間の下の「カムイワッカ源流温泉」についてお話しておきたい。名づけたのは僕である。ここに温泉が湧いていることは、国土地理院の地形図にも載っていないし、誰にも知られていなかったのではないだろうか。僕は空中写真で大曲線を見つけて、カムイワッカ川と大曲線が交わるこの場所に温泉が出ると目星をつけた。確かめに行って見つけた源泉である。大曲線の地下に温泉の滞水層があるとすれば、カムイワッカ川がそれを切って、温泉が湧出しているかもしれないと思った。

図3-4の立体写真を見ると垂直の崖に囲まれているし怖そうなところだ。実際に行ってみると今にも崩れそうな岩が張りだしているし、下を見るとまるでジャングルのように木が茂っていてヒグマやヘビがいそうだ。崖っぷちに立つと足がすくむ。頑丈（がんじょう）そうなハイマツにロープをくくりつけた。それを崖下におろして、ロープを伝って垂直の崖を降りた。ロープにしがみつきながら、滑り落ちないようにそろりそろりと下りる。やっと立てる場所に着いて足元を見ると、本当にヘビがいたが、向こうも驚いてすぐに岩の隙間に逃げていった。

そこから崖から崩れた土砂が堆積した急斜面の崖錐（がいすい）を下った。崖錐といっても灌木（かんぼく）が密に茂っていて、かき分けかき分け下っていく。

カムイワッカ川に出ると、川面から湯気が上がっていた。ぬるめだが確かに温泉である。上流へ上って温泉湧き出し口をめざす。途中小さな打たせ湯のような滝があった。その向こうに温泉湧き出し口があった。草むらの奥から28℃、pH＝3の酸性の温泉がこんこんと湧き出していた。予想どおりの場所で温泉を発見したのである。

その温泉の上流には水が流れていなかったので、この温泉が源流になる。カムイワッカ源流温泉の上流側は、かつて水が流れていた跡があって、普通のコケが生えていた。大雨が降った後、普通の水が流れるのだと思う。

ここに温泉が湧いているということは、大曲線の地下にはトンネルか滞水層があって、しかも温泉が流れているのだと思う。

カムイワッカ源流より100mほど下流には黄色温泉と緑温泉がある。そこへ行くにも、やはりロープで崖を降りないといけない。さらに急な傾斜を木の枝につかまりながら下っていく。カムイワッカに出たらもくもくと温泉の湯気が立ち上がる。

黄色温泉はカムイワッカ川の右岸（北側）にあり79℃、pH＝1の強酸性のお湯で、鉄分を含んでいるためにお湯が黄色く見える。緑温泉は、酸性のガスで変質した白くてもろい岩壁に上の方から緑色のイモ虫の血液のような温泉が流れている。緑色の源は強酸性の温泉で生きられる特殊な微生物らしい。岩に貼りついて生きている。41℃、pH＝2。

この2つの温泉の調査をした後は、疲れをいやすため少し下流の深みで入浴してみた。

4

温泉と火山ガスに何が起こったか

富山県・地獄谷で噴出した硫黄

　硫黄のでき方を考えるため、硫黄が出る他の火山をいくつか紹介したい。

　立山アルペンルートで有名な富山県中新川郡立山町芦峅寺室堂に地獄谷という窪地がある。火山ガスがいたるところから噴き出して、温泉があちこちで湧いている、名前のとおりの場所だ。2010（平成22）年に、ここで燃えながら流れる溶融硫黄が観察されたという。立山カルデラ砂防博物館の丹保俊哉学芸員に写真を見せていただいた（図4-1上）。茶色いどろどろの液体が丘の上から流れ下っているのが見える。固体の硫黄は黄色だが、溶融硫黄は茶色い。この硫黄は青い炎を出して燃えているそうだが、この昼間の写真では炎は見えない。硫黄は燃えると猛毒の二酸化硫黄ガス（別名：亜硫酸ガス）を出す。人が近づけば、目や鼻の粘膜をやられてしまう。

　硫黄の炎は止まっても火山ガスの噴出が激しく、地獄谷は近年立入禁止になっている。そこで、現地の火山ガスを計測している日本アジア航測という会社の調査に便乗させていただいて現地に入り、丹保さんに硫黄流の跡を見せていただいた。

　硫黄は小さな丘の上から突如出てきて炎を出しながら流れたのだという。燃えていたためか、訪れた時点で見た足元の硫黄の燃えかすは真っ黒だった。その丘の周辺はいたるところで溶融硫黄が湧き出して流れたようだ。山小屋の人に水をかけられて火を消しとめら

れたと思われる硫黄流があったが、セメントのように硬かった(図4-1下)

北海道・ニセコ大湯沼の硫黄

　2013(平成25)年5月、50ccのバイクに大量の荷物を積み込んで北海道を旅行した。フェリーで小樽に着いて、そこから虻田郡倶知安町へ、さらに倶知安町から隣のニセコ町へ向かった。標高が上がるとまだ雪が残っていて観光客はほとんどいない。国民宿舎「雪秩父」に到着し、夕食を食べた後もまだ明るかったので、ニセコ大湯沼に行ってみた。

　沼は真っ黒なお湯でおおわれていた(図4-2)。ところどころ黄色い浮遊物が浮かんでいる。堤防で囲まれていて遠くから見ると人工の釣り堀のようだ。国民宿舎の温泉の湯は、ここから取り入れているようだ。

　岸辺のぬかるんだ湿地には丸い硫黄の粒でできた砂があった(図4-3)。直径は3mmくらいのものが多かったが、大きいものは5mmくらいはある。割れているものが多くて中が見える。球形をした硫黄の粒は、中に気泡(小さな穴)がたくさんあいているものや、くす玉のように中が空っぽで殻だけのものもあった。

　どうやら、沼の底に溶融硫黄があって、そこへ火山ガスが噴き出してこんな丸い硫黄の玉が浮かんでくるようだ。

　本州では、群馬県吾妻郡草津町にある草津白根山の湯釜で、水の中で硫黄ができている。

北海道・恵山の硫黄

　北海道には函館市の東の端に太平洋を望む恵山という名前の小さな火山がある。ここの急傾斜の道は本当に大変で、50ccのバイクの

図4-1　立山地獄谷の溶融硫黄流
　上：燃えながら流れる溶融硫黄（茶色の帯状の部分。2010年5月6日。写真：渋谷茂氏提供）。
　下：流れた後に固まった硫黄。灰色でかなり硬い（上の写真とは少し離れた場所、2015年9月12日）。

図4-2　ニセコ大湯沼

図4-3　丸い硫黄の粒

アクセルをいっぱいまで回しても、エンジンが唸るだけで上らなくなってしまうが、なんとか一番上の駐車場に行った。

　恵山は山全体が火山ガスの激しい噴気で変質していて山全体が真っ白だ。晴れている日は青い空をバックに白い山体が美しい。恵山の上空は飛行機の航路になっているようで、以前、大阪伊丹空港から新千歳空港まで飛行機に乗ったとき、窓から見たこの山の火口は、ものすごい迫力だった。

　火口までやってくると、火山ガスがもうもうと上がっていて、しかも温度が100℃を超えている。特に立入禁止にはなっていないが、かなり危険である。恐る恐る噴気孔に近づく。ゴーッというジェット機のような音がする。噴気孔の周りは黄色い硫黄のタワーができている。噴気の温度が硫黄の融点（融け始める温度）の120℃を超えているので、タワーの中の硫黄は融けている。

　一見水たまりのようなのだが、ごく少量浮いている茶色い液体は溶融硫黄だ（図4-4）。採取してみたいところだが、このときはただの旅行で来ていたので調査用具はほとんど何も持っていない。しかも、噴気の温度は120℃を超えていて、亜硫酸ガスがふくまれている（目が痛くなった）。どうしたものかとリュックサックの中をのぞくと、ビニールのヒモが入っていたので、近くにあった手ごろな石をくくりつけ、噴気孔の中の茶色い液体めがけて放り投げた。

　何度か投げてみて、ようやく茶色い液体に石が落ちた。ヒモを引っ張ってたぐり寄せると、石の表面に着いたどろどろの液体はみるみる固まって灰色の不純物が混じった黄色い固体の硫黄になった（図4-5）。

硫黄はどこでできるのか？

　溶融硫黄は水の中でできると燃えない。ニセコの大湯沼では溶融

国土地理院地図に地名を追加

ニセコ大湯沼

恵山

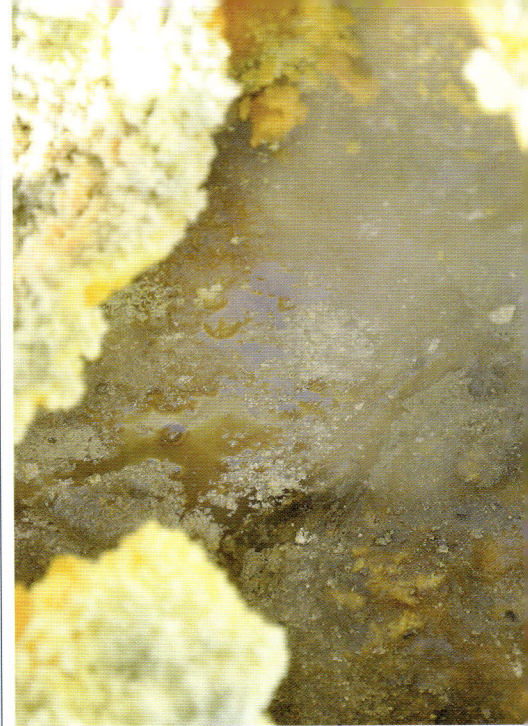

図4-4　恵山の火口にある液体の硫黄

図4-5　投げ入れた石にくっついてきた硫黄

硫黄からできたと思われる球形の硫黄粒があった。

　また、噴気孔の硫黄タワーが熱で融けて溶融することもある。恵山の溶融硫黄がそれだ。また十勝岳の火口には硫黄タワーが溶けて流れたと思われる硫黄流の跡があった (図4-6)。

　知床硫黄山の溶融硫黄は水の中でできるのだろうか？　大曲線の上で２か所温泉湧き出し口がある。１つはカムイワッカ源流温泉であり、もう１つは１号火口の温泉だ。１号火口の温泉は大雨が降っててしばらくしてからでないと湧出しないが、知床博物館の合地先生の話では、以前は常に大量に流れていて火口からあふれ出ていたのだという。

　とすれば、草津白根山の湯釜やニセコの大湯沼のように水の中に火山ガスが噴出して、そこで硫黄ができるのではないか。硫化水素と二酸化硫黄が地下の温泉の底でぶくぶくと噴き出す。それらが温泉の中で化学反応を起こして、水と単体の硫黄を作る。

　硫化水素と二酸化硫黄が反応して水と単体の硫黄になる化学式は、以下のとおり。

　$2H_2S + SO_2 \rightarrow 2H_2O + 3S$

　硫黄の発生源を知るためには、火山ガスと温泉を調べる必要がある。そこで大阪府立箕面 東 高校 (当時) の貴治康夫先生に相談してみたところ、すぐにお返事をいただいた。ガス検知管というものがあるのだという。注射器のような形の器具に試薬が入った検知管を差し込んで気体を吸引し、その気体が何 ppm かを計るものだという。ゆうパックで送ってくださった。

　ここで念のためにつけ加えておくと、ここで用いている「ガス」という言葉は「気体」という意味である。ガスコンロの可燃性ガスを思い浮かべる人がいるが、それだけではなく、酸素も、二酸化炭素も、窒素も、すべて「ガス」である。

郵 便 は が き

5 2 2 - 0 0 0 4

お手数なが
ら切手をお
貼り下さい

滋賀県彦根市鳥居本町 655-1

サンライズ出版 行

〒
■ご住所

ふりがな
■お名前　　　　　　　　　■年齢　　　歳　男・女

■お電話　　　　　　　　　■ご職業

■自費出版資料を　　　　希望する ・ 希望しない

■図書目録の送付を　　　希望する ・ 希望しない

【個人情報の取り扱いおよび開示等に関するお問い合わせ先】
　サンライズ出版 編集部　TEL.0749-22-0627

■愛読者名簿に登録してよろしいですか。　□はい　　□いいえ
ご記入がないものは「いいえ」として扱わせていただきます。

愛読者カード

ご購読ありがとうございました。今後の出版企画の参考にさせていただきますので、ぜひご意見をお聞かせください。なお、お答えいただきましたデータは出版企画の資料以外には使用いたしません。

●書名

●お買い求めの書店名（所在地）

●本書をお求めになった動機に○印をお付けください。

1. 書店でみて　2. 広告をみて（新聞・雑誌名　　　　　　　　　）
3. 書評をみて（新聞・雑誌名　　　　　　　　　　　　　　　　）
4. 新刊案内をみて　5. 当社ホームページをみて
6. その他(　　　　　　　　　　　　　　　　　　　　　　　　)

●本書についてのご意見・ご感想

購入申込書	小社へ直接ご注文の際ご利用ください。お買上 2,000 円以上は送料無料です。		
書名		（	冊）
書名		（	冊）
書名		（	冊）

図4-6　十勝岳の火口で見つけた硫黄流の跡

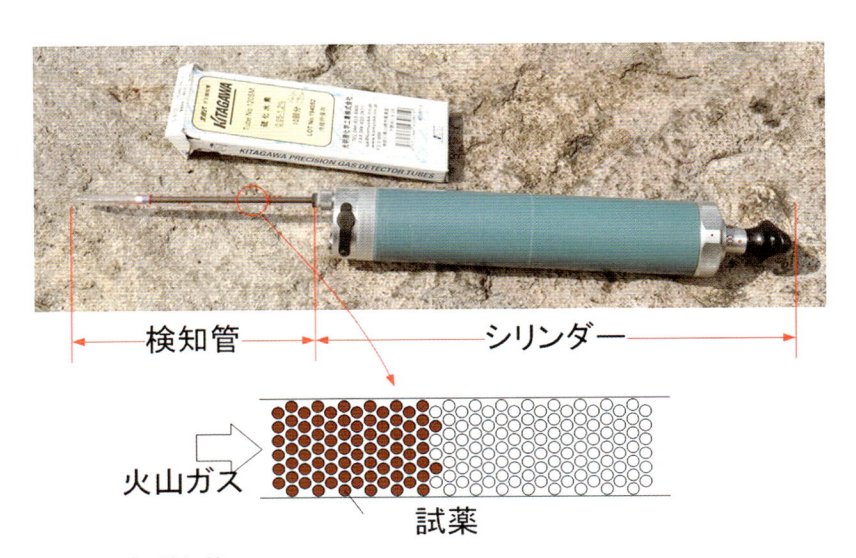

検知管　　　　　シリンダー

火山ガス　　　試薬

図4-7　ガス検知管

さて、袋を開けてみると、頑丈なケースに入ったガス検知管があった(図4-7)。注射器のようなものは見た目は病院で使われているような注射器ではなく、金属と樹脂でできた頑丈なものだった。それの先端にゴムパッキングがあって、そこへ検知管を差し込む。検知管は計測したい気体の種類によって異なる。仕組みはいたって簡単で、検知管の中に試薬が入っていて、気体を吸引すると試薬が変色する。目的の気体がたくさん入っていれば、奥の方の試薬まで変色するし、少なければ、先端の方しか変色しない。目盛を読んだら何 ppm 入っているかがわかるようになっている。検知管は硫化水素用、二酸化硫黄用、二酸化炭素用といろんな種類がある。計測できるガスの量もひとつのガスにつき何種類かある。数百 ppm という大雑把に計るものと、小数点以下 ppm という微量なガスを計るものなどがある。

　火山ガスを計測するのは非常に難しく、ガス検知管のような簡単な道具で計測することはできない。しかし、おおよそこんな火山ガスが出ているだろうという予備的な調査くらいなら可能だ。1 号火口を含め、周辺の噴気孔の火山ガスを調べていった。その結果、噴気孔からは硫化水素 (H_2S) と二酸化炭素 (CO_2) が出ていることがわかった。一部の噴気孔では二酸化硫黄 (SO_2) も出ていた。

　ちなみに硫化水素はよく自殺に使われているガスで、卵の匂いがする有毒ガスだ。温泉地で「硫黄のにおいがする」というのはこのガスのにおいだ。他の火山地帯で硫化水素を吸って人が死亡する事故が過去に起きている。1000ppm の硫化水素を吸ったら即死するという。1 号火口で初めて計ったときに出た1200ppm という値は、致死量の高濃度だということである。

　二酸化硫黄は、水に溶けやすく、吸い込むと喉をやられる。目も痛くなる。フッ化水素は水にすごく溶けやすい気体で、水は酸性になる。塩化水素も水に非常に溶けやすく、これが溶けた水はよく実

験室で使われている塩酸になる。二酸化炭素は温暖化ガスとして注目されているが、火山ガスの中には多量に含まれている。火山ガスの成分で一番多いのは水蒸気だ。

さて、もう一度この式、$2H_2S + SO_2 \rightarrow 2H_2O + 3S$ を見てみると、硫化水素 (H_2S) と二酸化硫黄 (SO_2) が反応して硫黄ができる。噴気孔のガスには、硫化水素が含まれていた。硫黄を作るもう一つの材料である二酸化硫黄はC噴気孔ではある程度検出できたが、他の場所ではごくわずかだった。これでは硫黄はできないじゃないかと思われるかもしれないが、二酸化硫黄は温泉水に溶解してしまって噴気孔から検出されにくいものと考えられる。二酸化硫黄は水に溶けやすいのだ。一方、硫化水素は水に溶けにくい。

硫化水素や二酸化硫黄が、1号火口の東側斜面、つまり1号火口より標高が高いところの大曲線の地下の温泉滞水層で噴出しており、そこで硫黄ができるのではないか、と僕は考えた。

温泉の成分を調べる

つづいては、温泉の成分を調べて火山ガスが溶解していることを証明したい。分析は専門家に依頼するしかない。京都市内でやってくれるところはないかと知人に尋ねたりしてみると、京都市産業技術研究所という中小企業の技術支援をおこなっている公的な機関があるとわかった。さっそく電話してみたところ、有料で温泉の分析は可能だという。あとは温泉を採取して持って行くだけだ。

研究所の担当者は温泉を入れる容器はどんなものでも結構ですとおっしゃったが、お茶のペットボトルではちょっとなぁ……と思ったので、亀岡市内のホームセンターで中ぶたのついた容器をいくつか買って知床に持っていった。

まずは、例のカムイワッカ川にロープで降りる。アメリカ海兵隊

特殊部隊のようにスルスルスルッとはいかない。ロープにしがみついて恐る恐る下りる。茂みを葉っぱだらけになりながら抜けて、カムイワッカ川に降りた。カムイワッカ川の水を採取した場所は、カムイワッカ源流から120mほど下流の黄色温泉と緑温泉の少し下流だ。つまり３か所の湧き出し口からの温泉の混合物だ。

　まずは温度計測。ガラス棒状の温度計を入れて温度を計った。そしてpH試験紙という酸性度を計るための試験紙をさっと水につけて色を見ておおよそのpHを計った。そしてリュックから容器を取り出し、お湯を入れてすすいで流し、これを何回かくり返す。こうして容器に付着した不純物を洗い落とすわけだ（「とも洗い」という）。最後に温泉水を容器に採取して中ぶたをはめ、キャップをキュッと締める。容器にマジックで採取した日付、pH、温度、場所を記入する。

　2013年６月に１号火口を訪れたとき、温泉が湧き出していた。文献にはここで温泉が湧いていると出ているのだが、僕が初めて１号火口を訪れた2005年以降は温泉が湧いているのを一度も見たことがなかったので、このときは驚いた。「もしや、噴火の前触れか」とも思ったくらいだ。92℃と結構熱いお湯だ。しかもpH＝１の強酸性。１号火口の真ん中の岩の下からこんこんと湧き出している。後で1936年当時の写真と比較したのだが、そこが昔、溶融硫黄が噴出した場所だった。ここでも温度とpHを計り、容器をとも洗いして温泉を採取した。

　温泉水をもって京都市産業技術研究所に持って行った。ICP分析とイオンクロマトグラフィーという分析をしてもらった。ICP分析とは、アルカリ金属や塩など炎の中に入れると金属元素特有の色が炎につく炎色反応の原理を応用した分析手法だ。食塩を箸の先につけてガスコンロであぶるとオレンジ色の炎が出るが、それは食塩の中のナトリウムが反応して光を出している。ICP分析では、

6000℃に熱した炉の中に試料を霧吹き状にして噴射し、炎色反応を起こさせて、その光をプリズムで分けてそれぞれの元素が出す光の強度からそれぞれの成分の分量を計るというものだ。イオンクロマトグラフィーはマイナスイオンが分析できるのだが、その仕組みは……説明してもらったけれど、よくわからない。

温泉の分析結果

　数日後に分析結果をもらいにいった。イオンクロマトグラフィーは分析値がちゃんと出ていて、その成績表をもらうだけだった。一方ICP分析は、分析機が出したデータを紙でもらった。数値の処理はセルフサービスだ。10倍に薄めて分析したのと100倍に薄めて分析したのと2つあって、分量が多い元素と少ない元素と使い分けた。各元素の数値を10倍したり100倍したり。それをエクセルに打ち込んで計算していく。

　こうしてできた温泉の分析結果が図4-8だ。ざっくり見てみて1号火口とカムイワッカの温泉は大まかにはよく似た組成（成分の割合）だ。そして大きな特徴は表の下の方に現れていて、SO_4^{2-} と Cl^- が突出して多く、pHが低い、つまり H^+ が多量に含まれていて強酸性である。大まかにいえば、この温泉は硫酸だ。人気の観光名所カムイワッカの水は硫酸だったのだ。

　それでこう考えられないだろうか。二酸化硫黄（SO_2）が地下水に溶けて硫酸ができる。化学式を思い出してみると、こうなる。

　$SO_2 + 2H_2O \rightarrow SO_4^{2-} + 4H^+ + 2e^-$

　SO_4^{2-} がカムイワッカと1号火口ではそれぞれ3000mg /L、4100mg /L も含まれていて、しかもpHが低い（たくさん H^+ が含まれている）のは、二酸化硫黄が地下水に大量に溶けたのが原因だと思う。二酸化硫黄はガス検知管で噴気を調べたときはほとんど出てこなかった。これ

成分	カムイワッカ川 2012年8月17日	1号火口 2013年7月11日	単位	
Al	130	123.9	ppm	
B	2.6	4.2	ppm	
Ba	0.062	0.1	ppm	
Ca	160	349.2	ppm	
Fe	91	98.4	ppm	
K	34.9	34.3	ppm	
Mg	100	196.1	ppm	
Mn	8.4	12.3	ppm	ICP
Na	150	229.6	ppm	
P	1.3	1.4	ppm	
Si	92	137.2	ppm	
V	—	0.3	ppm	
Y	—	0.2	ppm	
Zn	—	1.3	ppm	
Sr	0.62	—	ppm	
F^-	18	35	mg/L	
Cl^-	880	1500	mg/L	Ion Chromatography
SO_4^{2-}	3000	4100	mg/L	
pH=	1.5	1.3		
Temp.	44℃	92℃		

図4-8　温泉分析表

は二酸化硫黄は水に溶けやすいため、地下水にほとんど溶けてしまっていて火山ガスとして出てこないのではないか？

　他には、Al（アルミニウム）、Ca（カルシウム）、Fe（鉄）、K（カリウム）、Mg（マグネシウム）、Mn（マンガン）、Na（ナトリウム）、Si（ケイ素）といったいろんな物質が含まれているが、これは安山岩の岩石から溶けだしたものではないだろうか。このような温泉は「酸性硫酸塩泉」と呼ばれる。

　①大曲線とカムイワッカ川が交わったところに温泉が湧いていた（カムイワッカ源流温泉）。

　②それより上流には温泉は湧いていない（50mほど上流を見に行っただけだが、河床のコケなどの植物から判断した）。

　③同じく大曲線上にある1号火口でも温泉が湧くことがある。

となると、1号火口よりさらに斜面上の大曲線上もやはり地下に温泉の滞水層があるのではないか？　そのあたりは噴気が連なっているが、その噴気が滞水層に入り込んで硫化水素と二酸化硫黄が化学反応を起こして硫黄を作っているのではないか。

　冬の間、京都で温泉の分析をしていたわけだが、知床硫黄山は雪におおわれて極寒の季節を迎えている。雪の中でカムイワッカの温泉に入ってみたいと思ったが、はたして冬の間は温泉は湧いているのだろうか？　地表が雪におおわれたら地下水は供給されなくなるのでは？　一度真冬に行ってカムイワッカ川の温泉が湧いているか見てみたいものだが、まだ実現していない。

現地見学お役立ち情報

　知床硫黄山に行ける期間は6月中旬から9月下旬ごろ。詳しい時期は知床自然センターのサイトで見ることができる。

　カムイワッカバス停でバスを降り、あるいはそこに車を置き、歩いて登山口まで行く。

　1号火口（「新噴火口」と呼ばれている）へは運動靴でも十分だが、山頂へ行くには登山靴やトレッキングシューズをはいたほうがいい。持ち物は、熊鈴（100円ショップで売っている鈴で十分）、2リットルの飲料水、弁当、雨カッパ（必需品。突然雨が降ってくることがある）、ヘッドランプなど。

熊が出た時の注意点

- 背中を見せてはいけない（背中を見せて逃げてはいけない）
- エサを与えてはいけない（弁当など取られないように注意）
- 子熊がいるときはとくに注意！（どんな動物でもお母さんは怖い！）

1号火口周辺での注意点

　観光客の間では「新噴火口」として知られている1号火口周辺は、大きな岩が露出していて、転がりそうな不安定なものも多い。誤って岩と岩の間に落ち、骨折の危険もある。斜面を歩くときは慎重に。

　1号火口の中は、噴気孔がいくつもあって有毒な硫化水素を出している。幸い西側の火口壁が崩れてなくなっているので、風通しがよいためか、これまで事故は起きていないが、無風の時は注意したほうがよい。僕も頭が痛くなったことがある。

山頂付近での注意点

- 滑落
- 道に迷うこと

　新噴火口から山頂へいくには、そのまま登山道を登っていく。本文で説明したように、この山はボロボロと岩が崩れやすい。実際に僕が調査していたときも、山頂から男性が滑落して亡くなっているし、僕自身も滑落しそうになった。山頂直下では登山道からはずれないように注意して、慎重に登る必要がある。それと登りより下りのほうが危険なので、決して油断してはいけない。

　山頂からもどるとき、硫黄川に入らなければならないのだが、ルートを間違えやすい。特に初めて訪れる人が知床連山を縦走してから、硫黄山を下山するとき、硫黄川の入り口がわかりにくい。赤いペンキや看板をよくよく見て道に迷わないようにしたい。

5

硫黄はそこにある！　見えざる硫黄を見る

手作りのペットボトル電極

「うぅぅぅ～～～、うぅぅぅぅ～～」ガサガサ……。

100mほど離れたハイマツの茂みから不気味なうめき声が耳に届く。ハイマツの茂みの中でヒグマが何かを襲って生きたまま食べていた。人が襲われたのなら今すぐ武器を持って助けに行かねばならない。しかし、ヒグマに近づけば、エサを取られると逆切れして僕を襲ってくるだろう。ハイマツの茂みが深すぎて中のようすがわからない。食われているのは人か動物かと考えているうちに、そいつはどんどん食われていく。音から判断して、もう半分くらい食われているようだ。「た・す・け・て」のような言語は聴こえてこない。動物が食われていたのだろう……たぶん。僕は調査を続けた。

2～3時間して戻ってきたら、今度はバキバキという音が聴こえてきた。骨を嚙み砕く音だろう。その上をたくさんのカラスが肉の分けまえを奪い取ろうと群がっている。その場所は僕が夜、寝泊まりしているテント場からわずか200mのところにあった。知床はそういうところなのだ。

この「事件」があった2013（平成25）年の8月、僕はお茶のペットボトルで作った調査用具を持って、1号火口周辺をうろうろと歩き回っていた。その調査用具は「ペットボトル電極」と呼ばれ、地面の電圧、つまり自然電位を計測することができる。京都大学の後藤忠徳准教授が開発された画期的な道具だ。

その年の５月、「物理探査」、「電気探査」、「自然電位」といった語をグーグルに入力して検索してみた。いろんなサイトが出てくる。ほとんどのサイトは、高価な機材が必要な調査方法ばかりで、自費で調査している僕でもできるような安価な調査方法はなかなか出てこない。

あるとき、ピンク色のビニールテープを巻いた変なペットボトルの写真が出てきた。まるで小学生の工作のように見えるが、地面の電圧、つまり自然電位を計る道具だという。それが後藤先生のサイトで、作り方までちゃんと説明されていた。

ペットボトル電極は、芯の周りに銅線コイルを巻いたものと硫酸銅水溶液が入っている。底の部分はくりぬいて代わりに石膏がつめられていて、調査するときは硫酸銅がゆっくりゆっくり漏れて地面と電気的につながるようになっている。これを２本用意して、ケーブルを使ってテスターにつなぎ、地面の電圧を計っていくというのだ。

それまで僕は、物理探査の本を読んで探査道具を作ろうと試みていた。電器店を経営する友人に、本にあった装置の回路図を渡して計測メーターを作ってもらったこともあった。けれど、うまくいかなかった。

一方、後藤先生のペットボトル電極は市販のテスターを使う。こっちの方がずっと簡単だ。ただ、サイトの説明を読んでもいくつかわからない点があったので、メールで質問してみた。すると、翌日に返信をいただき、くわしく説明していただいた。

さっそく亀岡駅前のスーパーの清涼飲料水売り場へ。目的は丈夫なペットボトル探しである。売り場の冷蔵庫を開けては手でギュッと押さえて変形具合を調べる。「こんなふにゃふにゃのペットボトルじゃあ、石膏を詰めたときにすぐに落ちてしまう」。別のペット

ボトルを取ってまた押さえる。これもダメ、あれもダメ、それもダメ。はたから見たら怪しい人物による厳正な審査の結果、『みなさまのお墨つき緑茶』（500ml　西友オリジナル）が選ばれた。形といい、硬さといい、ペットボトル電極にピッタリだ。6本購入し、帰りにホームセンターに寄ってボンドや銅線、石膏、タイルなどを買った（図5-1）。

　家にあった空のペットボトルにお茶の中身を流し込む。一部は工作をしながら飲んで水分補給。ラベルをはがして捨てる。水で洗ってお茶の成分を除去。それからドリルで肩のところに穴をあける。カッターナイフで底をくりぬく。玄関を出たところでタイルを敷いた。石膏の袋を開けて容器に入れ、水を適量加えて混ぜる。底をくりぬいたペットボトルをタイルの上に置いて、口からじょうごを使って石膏を流し込んだ。ペットボトルの底とタイルはできるだけ密着させているが、どうしてもある程度は石膏が漏れる。しかし大半は漏れずにペットボトルの中に残ってくれる。石膏が固まるのを待っているあいだ、銅線をサランラップの芯にぐるぐる巻きにしてコイルを作った。ここでひとまず休憩。別の容器に入れておいたお茶を飲んだ。

　石膏が固まったら、さっき作った銅線コイルを回しながら肩に開けた穴からペットボトルの中に入れていく。一部だけ外に出して、ボンドで穴をふさぐ。ボンドが固まるまで一晩待ってからビニールテープでぐるぐる巻きにして出来上がりである（図5-2）。

　テスターとケーブルは京都市内の電子部品店で買った。テスターはどんなものでもよいとのことだったが、後藤先生に使っておられる機種を教えていただいて同じものを買った。現地は噴気が出ていてところどころ地面が熱くなっているので、丈夫なケーブルを買った。

硫酸銅は家に試薬があったので、それを使った。飽和水溶液かそれに近いものがいいようなので、ビーカーに100mlの水を入れて固形の硫酸銅を徐々に溶かしながらどれだけ溶けるかやってみた(図5-3)。結果2Lの水に80gの硫酸銅を入れるとちょうどよいということがわかった。硫酸銅が溶けた溶液はきれいな青色になる。

　2Lのペットボトルのジュースやお茶はどこでも売っているので、知床でも水溶液は作れる。実際知床へは固形の硫酸銅を80gずつ小袋に入れて、現地のコンビニで2L入りペットボトルのお茶を買って飲みほし、そこへ水と固形硫酸銅を入れて調整した。

ペットボトル電極の試験

　試しに近所の山で自然電位の計測をやってみた(図5-4)。ペットボトル電極に硫酸銅水溶液を注ぎ込む。底の石膏部分がすぐに濡れてくる。地面を少し掘って平らにし、ペットボトル電極を2本並べてテスターの電極をつなげ、テスターの設定をmVにして計測。このペットボトル電極をくっつけるようにして並べて計測するのは、キャリブレーションという作業で、テスターは本来はゼロ(0)を示さなければならない。ゼロmV以外を示していると、何か不具合が起きていることになる。多少ゼロからずれるが5mVくらいまでならOKらしい。

　では本番。ペットボトル電極2本のうち1本を持ってケーブルをほどきながら山道にそって移動する。20mくらい行ったところでペットボトル電極を地面に置いてケーブルをつなげた。さっきのペットボトルのところにもどってテスターをつなぎ、電圧を計る。おっ、出た出た。これが自然電位というものか。なんか、わかったような、わからないような……手前のペットボトルをもう一方のペットボトルの向こうへ移動させて(カエル跳び法というらしい)、再

図5-1　ペットボトル電極の材料

図5-2　完成したペットボトル電極

図5-3　硫酸銅の調整

図5-4　近所の山で試験

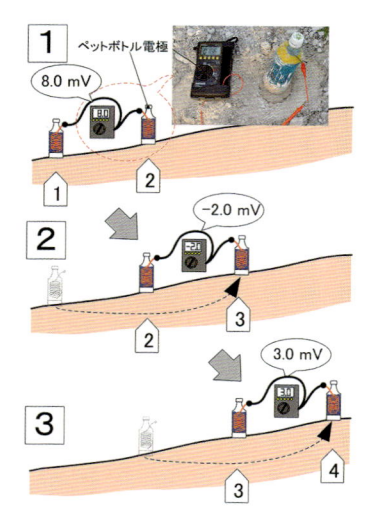

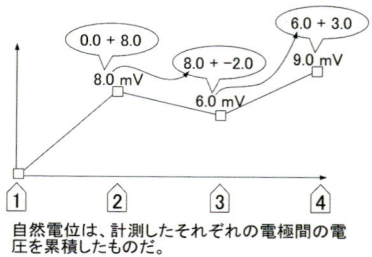

自然電位の計り方

1 図のようにペットボトル電極を地面の離れた場所に置く。テスターを使って2つの電極間の電圧（自然電位）を計る。

2 一方の電極をもう一方の向こう側に持って行って再び電圧を計る。このとき進行方向に向かってテスターの＋極が常にくるようにする。

3 この手順をくりかえしながら進んでいく。

自然電位は、計測したそれぞれの電極間の電圧を累積したものだ。

図5-5　自然電位の計り方

び計測する (図5-5)。こうやってくり返しくり返し計っていった。

　自然電位探査は昔日本で鉱山が活発に稼働していたころ、鉱脈を探すのに使われていた。金属を含んだ鉱脈が地下水と接触して発する電位をとらえるのだという。地下に埋まっている金属を見つけるのにも役立つそうだ。

現地で自然電位を計測

　2013（平成25）年6月下旬、50ccのバイクにペットボトル電極とテスターを載せて、亀岡の自宅を出発し、福井県敦賀から新日本海フェリーに乗り込んだ。船は日本海から津軽海峡を通り、太平洋を出て苫小牧に到着。知床を目指した。6月だというのに、かなり寒い。ときどきコンビニでラーメンを買って体を温めながら東を目指した。コンビニでバイクを止めていると、大型バイクで旅をしている人たちが話しかけてくる。小さなバイクで北海道を旅するのは、結構な

チャレンジのようで、バイクライダーたちにとって僕はあこがれの的（？）のようだ。お金がないから中古の50ccバイクで移動しているだけなのだが……。

　苫小牧から500km以上バイクを運転してようやく知床に到着。ウトロの国設知床野営場というところでテントを張った。

　固形の硫酸銅を持って行っていたので、キャンプ場で硫酸銅水溶液を作った。炊事場で劇物を扱うところは、あまり人に見られない方がいいので、人気がないときを選んで水溶液を作った。

　7月8日、大広間のさらに西の茂みから大曲線にそって自然電位を計測した。亀岡の山でやったように、ペットボトル電極に硫酸銅水溶液を注ぎ込む。そしてキャリブレーション。いよいよ調査開始。30mのケーブルを使っておおよそ20mくらいの間隔で計測していった。それにしても電気ケーブルがよくもつれる。くるくる巻いたりほどいたりしているうちに、ちょっと油断するとすぐもつれる。もつれたのをほどくのに結構手間取ったため予想外に大変だったが、ペットボトルを動かしながら大曲線にそって徐々に計測地点を移動させていった。

　途中でも計測値から気づくことがある。大広間を出て最初は斜面を登るにつれ電位が上がっていく。自然電位は、普通の山なら標高が高くなるほど低くなる性質がある。なぜなら、地下水は山の上の方から下へ流れているので、山上にある滞水層の中の岩石のプラスイオンが奪われ、マイナスに帯電するためである。つまり普通の山とは逆の結果が出ている。火山だからか。

　そして、1号火口に来ると低くなった（図5-6）。自然電位にはもう1つ特徴があって、火山地帯で地熱が上がってきているところは電位が上がる。活発に活動していそうな1号火口の中で、なぜ低くなるのか？　やり方を間違えたのかと不安になる。

1号火口からさらに斜面を登っていく。標高が上がるにしたがって自然電位までどんどん上がっていく。普通の山とは間逆のことが起こっていた。原因はわからないまま、とにかくB噴気孔の少し上あたりまで計って、18時50分ごろ、その日の調査を終了した。

　オホーツク海に沈む夕日がきれいだった。空気がきれいなので夕日もきれいなのだろうか。帰りの登山道は薄暗く不気味だったが、無事カムイワッカバス停のバイクを止めているところまで戻ることができた。

1号火口周辺だけを重点的に計測

　翌日は1号火口周辺だけを重点的に計測した。今回は前日とは違うやり方にした。火口壁の上のある場所を決めてそこにペットボトル電極をひとつ置いた。それは1日中ずっとそこに置きっぱなしにする。もう一方のペットボトル電極をあちこち動かして計測した。ということは、原点をゼロmVとして、他の自然電位がわかるということだ。

　ペットボトル電極1本とケーブルを持って1号火口の中を歩き回りながら各地点で計測。ちょうど温泉が湧いていて20mほど地面を流れてしみ込んでいた。1号火口では大きな噴気が2つも上がっているし、小さな噴気もたくさんあるので、高い自然電位になるのではないかと調査前は予想していた。

　前日の調査で1号火口は電位が低かったが、あれは計測地点がまずかったのだろうか、計測方法に問題があるのか。今度こそ予想どおりになってほしい。

　ところが、今回も数値は低い。テスターに表示される数値はマイナス何とかmVばかり。原点のペットボトル電極は火口壁に置きっぱなしだ。火口壁より火口の中の方が自然電位が低いということだ。

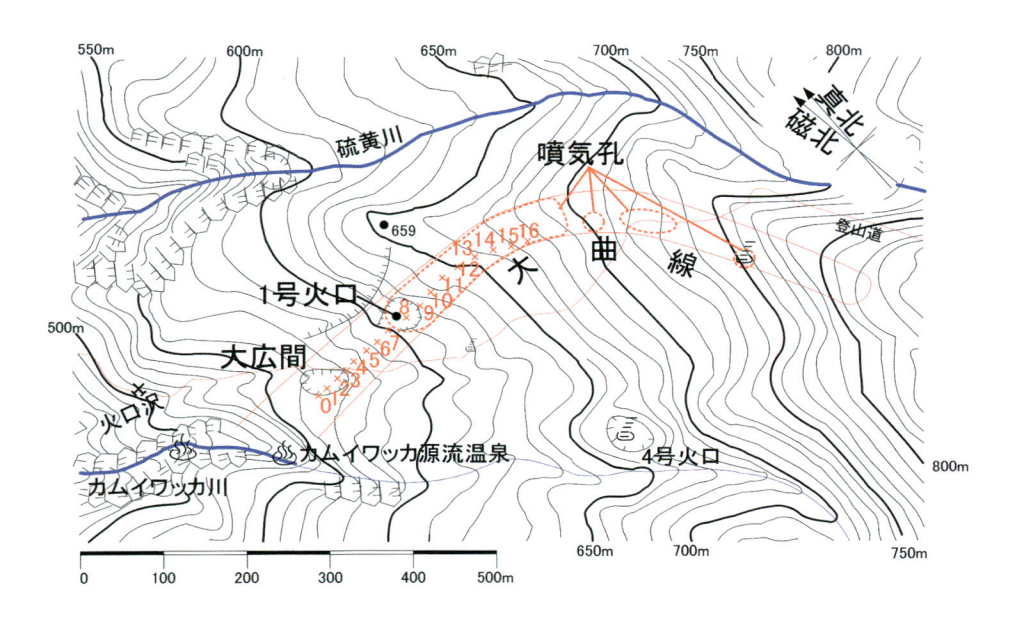

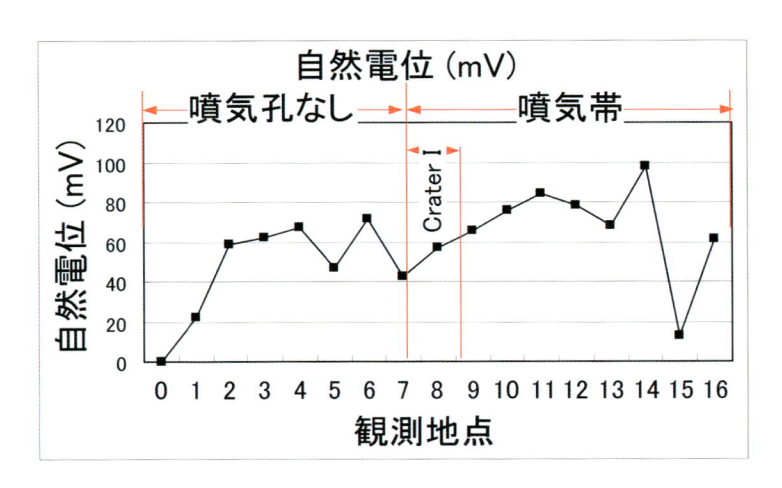

図5-6　大曲線沿いの自然電位（2013年7月8日）

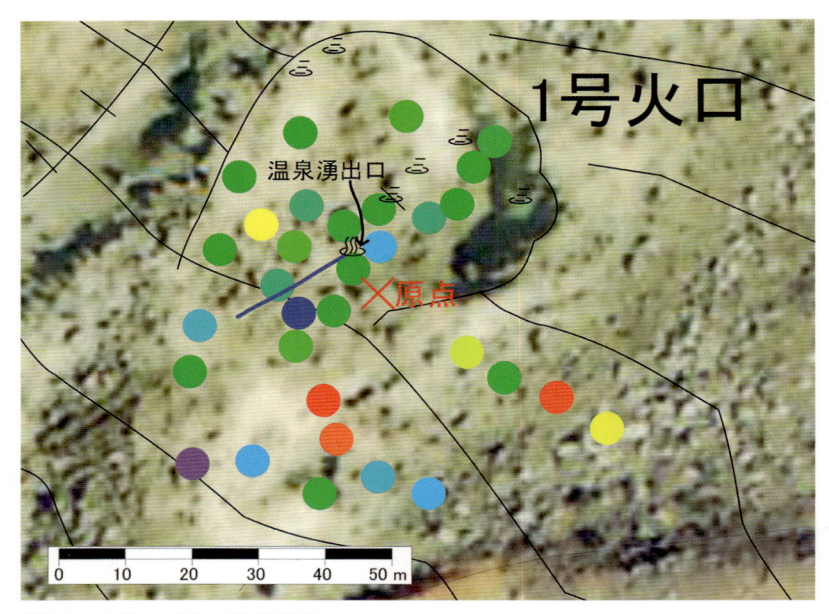

図5-7　１号火口内の自然電位

　前日の調査で１号火口の電位が低かったのは、やり方を間違えたのではなかったらしい。

　図5-7は自然電位を色であらわしたもので、赤に近いほど自然電位が高く、青に近いほど自然電位が低い。見てのとおり１号火口の中は低い電位を示す緑色の丸が多い。特に温泉湧き出し口と温泉の流路周辺はもっと低い青色になっている。火口の外の方がむしろ高く、赤い丸が３つ、黄色の丸も２つある。

　通常は火山活動が活発な場所の自然電位は高くなるはずなので、火口の中の方が赤くならなければいけない。「なんでやろう？　なんでやろう？」などと念仏のように唱えながら次々と計っていったが、やはり火口の中のどこを計ってもほとんどマイナスの値が出る。温泉が流れている流路周辺は、特に電位が低い。温泉も自然電位に

影響しているのだ。

　こうなる理由がわからないまま、その日は32か所を計測して、とりあえず一旦京都に帰ることにした。それにしても苫小牧まで500kmを50ccのバイクで運転するのはしんどい。

1か月後、もう一度計測

　1か月後の8月17日、僕は再び知床・ウトロのキャンプ場にいた。お盆の時期とあってキャンプ場は人であふれかえっていた。

　8月は硫黄山登山口手前までの林道に規制がかかり、エンジンつきの乗り物が入れなくなる。代わりに知床自然センターからシャトルバスに乗ってカムイワッカバス停へ行かねばならない。調査最初の日は水を山へ持って上がらねばならないので、コンビニで2L入りのお茶を4本買った。それを入れた大きなリュックを含む大量の荷物を持ってバスに乗り込んだ。

　標高200mの登山口から600mの1号火口まで登山道を登っていると、汗が噴き出してくる。1号火口に着くまでに2L入りのお茶を1本飲みほしてしまった。

　1号火口の温泉はだいぶ減っていて1か月前の半分の10mくらいしか流れていなかった。

　1か月前に1号火口の中の自然電位を計ったときに原点にしたところを出発点にして計測を開始した。今度は広い範囲で計っていく。1号火口を中心に半径100mくらいにわたってどんどん計測を進めた。大曲線だけでなく、その周囲も計って、大曲線が周囲と比べてどうなっているのかを調べようとした。

　1日目、昼間は順調に調査が進んだ。しかしオホーツク海の沖のほうでゴロゴロと雷が鳴り始めた。まだ遠いなと、さほど気にせずに計測を続けていると、急に海から霧がやってきて、山は麓から白

いベールがおおわれていった。あっという間に僕も霧の中である。

　もっと調査したかったが、ノートにはぽつりぽつりと水滴が落ちている。調査道具を洞窟に隠して、テントを置いているところまで急いだころには、もう大粒の雨が降り出し、雷がそこらじゅうでピカピカと光っていた。大急ぎでテントを張ってもぐりこんだ。夏だというのにとても寒い。しかも、使っていた登山用のテントは水漏れしたので、僕は寝袋の中で丸虫のようにうずくまった。

　翌日は気温15℃で、霧が出た。8月だというのに寒い。1号火口から大広間へ、そして北へ進みまた戻ってきて1号火口へ。計測はループを描くように進み、10〜20か所計って元の位置に戻ってきて計りなおすようにしている。ぐるっと回って戻ってきたときの自然電位を全部合計するとゼロmVになるはずで、それをチェックするためにループ状に計っていくのだ。

　ただ、実際にはそううまくはいかず、計測誤差が生じた。あまり大きいと計測自体をやりなおさなければならないが、幸いそういうことはなかった。わずかに生じた誤差はあとで補正していく。

　バスの時刻に合わせて下山。ここのシャトルバスは始発が遅くて最終バスが早いので、シャトルバスで往復すると山に滞在できる時間が短い。山と町でそれぞれ交互に1泊ずつした。

　翌日また朝早くウトロのテント場を出て、シャトルバスに乗った。その日も一日中自然電位を計測した。喉が渇いたので、そばにあった石に腰掛けて、ショルダーバッグからペットボトルを取り出した。キャップを開けてラッパ飲みをしようと、目をやるとお茶の色がコバルトブルーであることに気づき、あわてて口に入れた液体を吐き出した。間違って硫酸銅を飲もうとしていたのだった。本物のお茶を取り出して口をすすぐ。少し喉に入ったようなので、多量のお茶を飲んで薄めるしかない。硫酸銅は劇物で飲むと毒である。その後

身体に変調はなかったが、3日間くらいずっと口の中は金属の味がして歯がギシギシした。

　それ以降は、お茶と間違えて硫酸銅水溶液を飲まないように、キャップにビニールテープを巻くことにした。

計測データを地図に落とし込む

　その年の調査は終えて、9月1日、苫小牧で福井県敦賀行きの新日本海フェリーに乗り込んだ。船の中でパソコンをひろげてデータを整理する。ループ状に計測したところは、ぐるっと1周したときのデータを全部たし合わせるとゼロになるはずだ。やってみたら、わずかな誤差しかなかった。うまく計れているらしい。

　翌年の2014年にも続きを計測して、2年間で170か所計測した。

　そして、図5-8の図を作った。色丸の位置が自然電位の計測地点で、色は電位を表している。右のスケールの色と目盛に対応している。

　Windows についているおまけソフトのペイントとマイクロソフト社の Visio（ビジオ）を使った。Visio はビジネスマン向けに開発された組織図やフローチャートを作成するソフトで、絵を描くこともできる。まずはインターネットで検索して赤から青まで徐々に色が変わっていく虹のグラデーションをダウンロードした。それを Visio に読み込んで電位の目盛を合わせる。それをコピーしてペイントに読み込む。ペイントの上で自然電位の値に対応する色の上でスポイトを当てて色を採取する。例えば電位が20 mV だと、スケールは黄色になる。ちょうど目盛の20 mV の横の色をスポイトで採取して、その RGB（液晶ディスプレイ上の三原色のこと。Red、Green、Blue の頭文字）を記録する。例えば黄色だったら、R =247、G =254、B = 0 となるわけだ。それを Visio で丸の色を指定するときにこの値を入力する。するとまったく同じ色が再現できる。

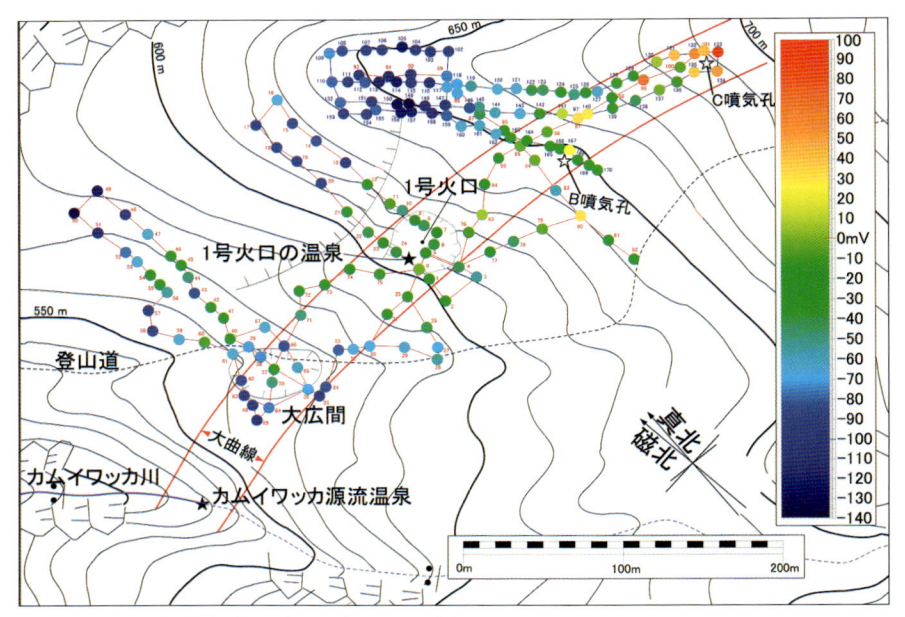

図5-8　自然電位地図（2013年、2014年）

　2014年の調査が終わった時点で全部で170か所あったが、この作業を延々とくり返した。亀岡市内のマクドナルドのテーブルでノートパソコンをひろげ、コーヒーを飲みながらもくもくと作業を続けた。こうしてできた図が図5-8だ。

　この図からわかることは、大曲線沿いの地域は自然電位が高い傾向があり、特に１号火口より斜面上（図5-8の右上）の一帯は非常に高いということだ（オレンジや赤の丸がいくつもある）。大曲線の左上の斜面は標高が高くなれば電位が低くなる傾向があり、これは普通の山の傾向と同じになっている。やはり大曲線の地下には何かがある。それに、１号火口の東側斜面（右上）にも何かありそうだと感じるが、僕の知識ではこれ以上のことはわからない。

現れた自然電位の熱異常地域

そこで、ペットボトル電極開発者である京都大学の後藤先生の研究室に駆け込んだ。

先生の説明ではこうだ。通常標高が高くなればなるほど自然電位は低くなる。標高とは逆相関関係にある。ところが、この図の大曲線沿いはそうはなっていない。標高が高くなればなるほど電位も高くなっている。一方、大曲線の北側（左上）は標高が高くなると電位が低くなっている。ということは、標高の影響を消去すれば、この地域の特殊性が見えてくる。

先生と別れた後、各地点の標高と電位のデータをエクセルで先生にお送りした。それを基に後藤先生が標高の影響を消すための関数式を移動平均を取って作ってくださった。出来上がった関数は一次関数だった。わかりやすい。その関数に従ってエクセルで標高の影響のない、「標高補正」した自然電位を計算し、図を作ってみた。それが図5-9だ。これは2015年の日本地球惑星科学連合という学会でポスター発表したときに使った図を加工したものだ。

これで標高の影響がない自然電位の地図ができたのだが、地熱の影響を受けている地域がどこなのかをはっきりさせる必要がある。この地図の中で噴気がある場所で一番低い電位を「自然電位の熱異常地域とそうでないところの境界」とした。つまりその境界より高い電位のところが「自然電位の熱異常地域」で、そこに地熱や噴気が上がってきている。つまり、そこで硫黄が作られていると推定できる。

熱異常地域とその周辺との間の境界線を水色の曲線で入れて、熱異常地域を斜線で示した。図5-9の右上の斜線の領域がそれだ。ここで硫黄が作られている。ついにつきとめた瞬間だった。

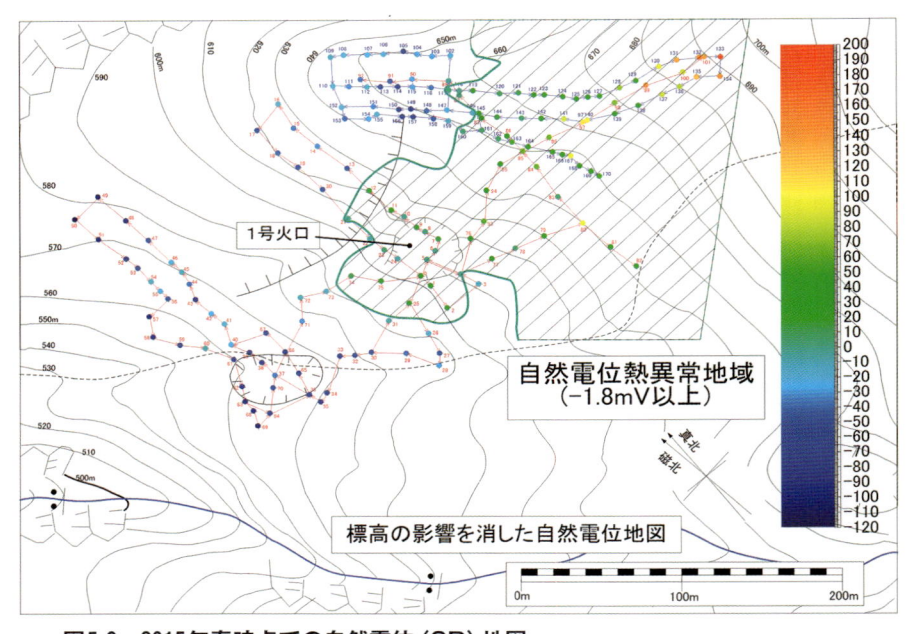

自然電位熱異常地域
（−1.8mV以上）

標高の影響を消した自然電位地図

図5-9　2015年春時点での自然電位（SP）地図
　自然電位は通常、(1)地熱と(2)標高の両方の影響を受けているが、この図では
(2)標高の影響を消す処理をし、(1)地熱による影響だけを浮き彫りにした。

　しかし、熱異常地域は、まだ斜面上の方、この時点では計測して
いなかった場所に広がっていそうなこともわかった。硫黄生成部を
特定したといっても、まだほんの一部でしかない。

6

知床硫黄山の地下を電気の力で見える化！

地下を探る方法

自然電位は計測したが、地下のようすが見えたわけではない。もっと具体的に地下のようすを見る方法はないのだろうか。探査方法の情報を求めて、京都駅南口にある大型書店で参考書を探してみた。地学関係の本の棚の前に立つと、「こっちだよぉ」と何者かがささやく（幻聴か？）。ふと見ると、『地底の科学　地面の下はどうなっているのか？』（ベレ出版）という本の背表紙があった。題名の下には「後藤忠徳著」と書かれている。あのペットボトル電極の先生だ。中身を見ようと本棚から引っこ抜こうとするが、両隣の本からの強烈な圧力でなかなか抜けない。まるでアーサー王の剣。足をふん張って力一杯引っ張ったらやっと抜けた。ついに僕も「選ばれし者」になったか。

帰りの電車の中でさっそく本を読んでみたところ、電気探査に関する記述を見つけた。地面に電極を打って電気を流し、地下の抵抗値を計るという方法だ。地下の地層の深さやそれぞれの地層の抵抗値がわかるようだ。知床硫黄山に応用できそうだ。1号火口周辺の地下に硫黄が作られている温泉の滞水層があれば、おそらく低い抵抗値を示すのではないだろうか。

第4章で書いたように（図4-9）、1号火口やカムイワッカから出てくる温泉にはたくさんの物質が溶けていた。それらの多くは電解質のもので、きっと電気を通しやすく、電気探査をすればとても低い

抵抗値が出るに違いない。この探査ができたら、1号火口周辺の地下のようすがわかるに違いない。

　ただ、心配だったのは、高価な機材が必要かもしれないということだ。もしそうなら、僕には手が出ない。ただ、ペットボトル電極を考案した後藤先生だ。もしかしたら電気探査もホームセンターの道具で調査できる方法を開発しておられるかもしれない。そう期待して、後藤先生に久しぶりにメールで連絡をしてみた。

　まてどまてど後藤先生からは返信が来ない。10日ほど経ち、半ばあきらめていた頃に、「準備ができたので来てください」というメールが届いた。この間、先生はホームセンターで入手できるものだけで電気探査ができる方法を考えてくださっていたのだ（感謝、感謝）。

　2014年6月16日、後藤先生の研究室を訪れた。実は先生にお会いするのはこのときが初めてだった。それまでメールのやりとりだけだったのだ。僕のことを「定年退職したおじいさん」だと思っておられたようで、若い僕を見て驚かれた。

　大きな台車に電気探査の道具一式が準備されていた。それを押して大学の隣の公園へ。青いビニールシートを敷いてそこに道具を運び込む。比較のために、探査用具は2種類用意されていた。1つは100万円以上する高価なプロ用の電気探査装置。そしてもう1つが、テスター2つ、車のバッテリー、シガーソケット、インバーターなど、ホームセンターで入手したものを組み合わせた安価なキットである。

　まずは巻尺をまっすぐにのばして地面に置いた。巻尺の真ん中の目盛を基準にして、先生は、そこから両側へ20cm間隔で真 鍮 棒の電極を4本打ちこまれた。浅く倒れない程度に打ち込むだけでいいようだ。それから100万円電気探査機と電極をケーブルでつないで準備完了。4本の電極の外側に交流電流を流し、内側2本で電圧を

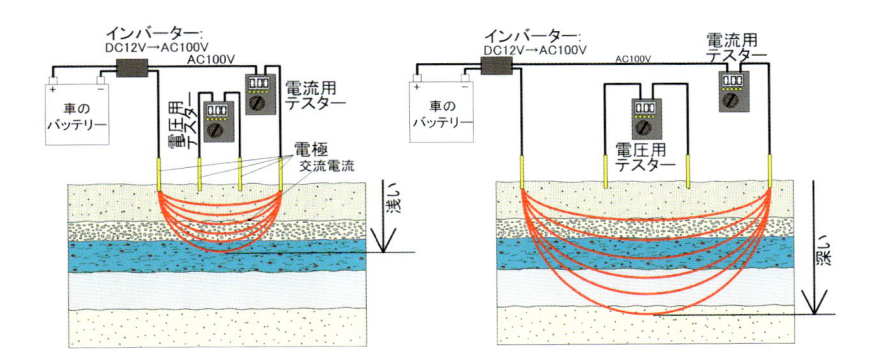

図6-1　電極の間隔と計測できる深さの関係
　　　間隔が広いほど、より深いところまで電流が通り、計測ができる。

計測するようになっている。電気を流すときは、いっしょに作業している人が感電しないように、「ようい、テイ」と掛け声をかけるルールになっている。

　さっそく、「ようい、テイ！」と叫んで、地面に電気を流した。100万円探査機は自動で電流と電圧を計測して、さらに自動で抵抗値を割り出した。電極の間隔を2倍の40cmに広げて、「ようい、テイ」と通電する。電流値、電圧、抵抗値を用紙に記入していく。その後、60cm、1m、2m……と間隔をひろげては計測をくり返した。

　つづいてホームセンターキットで同じように計測する。20cm、40cm、60cm、1m、2m……。道具類を台車に載せて、公園を後にしたときには、僕も先生も汗だくになっていた。

　先生の研究室に戻ってデータの処理法を教えていただく。公園では4本の電極の間隔を違えて何度も電流を流して電流、電圧を計測してオームの法則で見掛け上の抵抗を求めた。電極の間隔が狭いときは電流は地面の浅いところを流れるのだが、間隔が広くなると電流は深いところも通って流れるようになって、浅いところから深いところまでの平均の抵抗値になる（図6-1）。それをロシア製のソフト

ウェアで解析して抵抗値の違う各地層が何メートル下にあって、それが何オームの抵抗値の地層なのかを求めるのである。

　まず100万円探査機のデータをソフトウェアに入れて計算し、次にホームセンターキットのデータを入れて計算した。結果は見事に一致した。ホームセンターキットの道具類は数万円ほどですべてそろう。先生にお礼を言って京都大学を後にした。

ホームセンターキットを作る

　さっそく亀岡市内のホームセンターへ向かった。真鍮棒は直径5mmの1mほどの長さのものを買い、鉄ノコで20cmくらいの長さに切った。インバーターは乗用車の中でシガーソケットに差し込んで家庭用電源を取るもので、バッテリーの12V直流電流を100V交流電流に変換するものだ。車用品売り場に並んでいた。バッテリーも同じ売り場で軽自動車用のものを買った。それと家庭用電源から充電できる充電器も買った。ビニールテープ、コンセントなど買っていく。バッテリーとインバーターをつなぐソケットは、京都市寺町にあるマルツという電器屋さんで買った。またそこでは自然電位計測に使ったテスターをもう1台購入した。これですべてそろった。

　夕方、子供たちが家に帰って静まり返った自宅そばの公園に行って、電気探査のリハーサル（図6-2）をおこなった。兵庫県の城崎に旅行にいったとき、旅館の方からなぜかサービスだといってもらった「アンパンマン」のキャラクターがプリントされたビニールシートが残っていたので、それを敷いて道具類を並べていった。

　巻尺をピンと張って、巻尺の真ん中に印をつけた。そこを中心に真鍮の棒を20cm間隔で4本立てる。「ようい、テイ！」。電流を流すと2つのテスターの数字が踊り始める。おおよそ安定したところで数字を読み取り記録用紙に記入した。さらに電極の間隔を広げてど

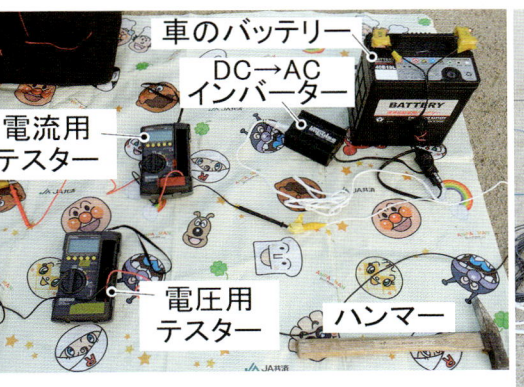

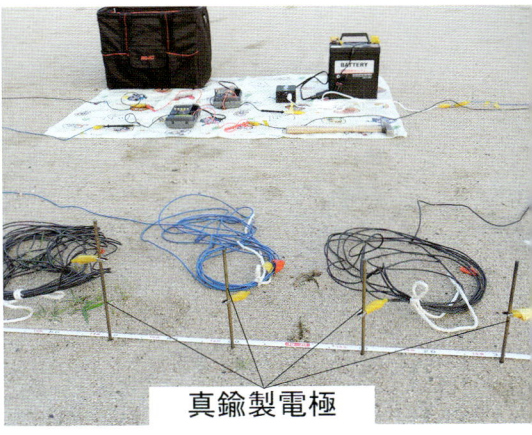

図6-2　電気探査の道具一式

車のバッテリー
DC→AC インバーター
電流用テスター
電圧用テスター
ハンマー
真鍮製電極

練習：
2014年6月22日　18：20－19：30
曇り
気温21℃
京都府亀岡市
朝方雨が降っていた

見かけの抵抗＝
2×3.14×電極の間隔（m）×抵抗値（Ω）

電極の間隔（m）	電流（mA）	電圧（mA）	抵抗値（Ω）	見掛けの比抵抗（Ωm）
0.2	31.9	3.85	120.690	151.6
0.4	36.52	2.269	62.130	156.1
0.6	34.2	1.271	37.164	140.0
1	34.85	0.648	18.594	116.8
1.4	34.17	0.417	12.204	107.3
2	27.93	0.225	8.056	101.2
3	26.05	0.148	5.681	107.0
4	19.28	0.099	5.135	129.0
6	22.7	0.092	4.053	152.7

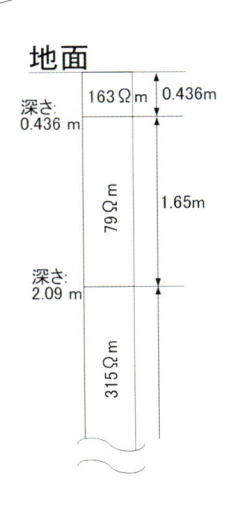

地面

深さ：0.436m　163Ωm　0.436m

深さ：2.09m　79Ωm　1.65m

315Ωm

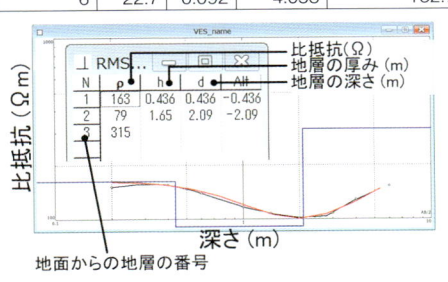

比抵抗（Ω）
地層の厚み（m）
地層の深さ（m）

N	ρ	h	d	All
1	163	0.436	0.436	-0.436
2	79	1.65	2.09	-2.09
3	315			

比抵抗（Ωm）

深さ（m）

地面からの地層の番号

図6-3　近所の公園での電気探査結果

んどん電流を流していく。50分くらいで計測は終わった。

　さっそくパソコンにデータを入力し、解析してみた。結構きれいなデータが出た。その解析結果が図6-3だ。公園の運動場なので、おそらくそんな複雑な地層ではないのだろう。左上の表はエクセルに打ち込んだ数値で、その下のグラフはIPI2WINというロシア製のソフトウェアで解析した結果である。右の柱状図は、地面から下の地層のようすを表している。

　2.5mくらいまでの深さで、抵抗値が異なる地層が3つある、上から163Ωm、79Ωm、315Ωmとなっている。地層が3枚確認できて、それぞれの抵抗値はわかったが、それが具体的にどのような地層なのかまでは、これではわからない。しかし一応うまくいった。

　1回だけでは心もとないので、あと2回、京都市右京区の桂川（かつら）に行ってやってみた。河川敷（かせんじき）での計測では、下の方に抵抗値がすごく低い地層があることがわかった。川面の位置と同じ高さだったので、そこまで伏流水（ふくりゅうすい）がきていたのだろう。河原の砂利（じゃり）の上での計測は、どう読み取ればよいのかわからない結果になった。地下の堆積層が複雑すぎるのだろうか。ともかく電気探査で、地下水の位置などはわかるようだ。

知床硫黄山で計測開始

　2014年7月1日、いよいよ知床へ向けて出発した（図6-4）。中古のスクーターにとにかく荷物を積めるだけ積みこんだ。エンジンをかけ、ゆっくりアクセルを回す。エンジンはしんどそうな音を立ててなんとか走り出す。友人が「バイクがかわいそう」と言ったことがあるが、まったく同感だ。3時間ほどかけて舞鶴港に着き、新日本海フェリー運航の船に乗り込んだ。

　翌日、小樽港に到着し、苫小牧を経由して北海道の南側を走って

図6-4　亀岡出発

知床へ向かう。途中日高山脈（ひだか）を越えなければならない。麓（ふもと）から助走をつけて何とか大山脈を乗り越えた。

　電気探査キットには、1つ問題があった。黒い大きなバッグに収納できたが、とてつもなく重いのである。リハーサルのとき、桂川の河川敷から河原に持って行くために、このバッグを肩にかけたら背骨が折れそうだった。とてもこんな重いものを持って山に登れない。そこで、バッグは滞在していたウトロのキャンプ場のテントの中に置いて、その中身を4回に分けて運ぶことにした。丈夫なショルダーバッグに道具を入れて運んだ。夏は水も一緒に持って上がらないといけないので余計に重い。

　特にバッテリーは軽自動車用の小さなものだったが、9kgほどの重量があった。途中岩場を登るのだが、岩に当ててバッテリーに穴があかないよう細心の注意を払って上った。

　まずは大広間から(図6-5)。ちょっと荷物がぐちゃぐちゃに置かれているが、こんな感じで装置をセットした。

　現場を一目見てこれは大変な作業になると悪い予感がした。とにかく岩が多い。巻尺をまっすぐにピンと張ってそれに沿って4本の

電極を等間隔に打ちこんでいくのだが、そもそも岩が多くて巻尺を
まっすぐに張れない。なんとか岩が少ない場所を選んで巻尺をでき
るだけまっすぐ張った。カンカン照りでものすごく熱い。窪地（くぼち）なの
で無風状態だ。灌木（かんぼく）が茂っているところなどはどこに電極をさして
いいかわからない。それでもなんとか準備を進め、巻尺の中心に20
cm間隔で4本の電極を打ち込んだ。

　「ようい、テイ！」。誰もいない山奥に僕の声がこだまする。それ
からどんどん間隔を広げていく。灌木に電気ケーブルがしょっちゅ
う引っかかる。それから電極を等間隔に打とうとすると大きな岩が
邪魔なことが多々あった。そういうときは、岩を押して横へよけて
電極を打つこともあったし、4本を直線に並ぶように若干ずらすこ
ともあった。リハーサルと本番とでは、ずいぶん環境が違った。

　計測した結果が図6-6だ。赤と黄色で塗られたグラフに注目して
ほしい。抵抗値が4桁以上なら赤、3桁なら黄色、2桁は水色と色
分けした。大広間の窪地は砂礫（されき）が堆積していて木も生えているが、
地下5〜7mのところに5桁の数字の大きな抵抗値の地層があるこ
とがわかる。

　これは、しっかりとした岩盤があって高い抵抗値を示しているか、
空洞があって高い抵抗値を示しているかのどちらかだ。何があるか
はこれだけではわからない。別の方法で調べなくてはいけない。電
気探査の限界である。その日はくたくたになって下山した。

　3日後に再び山を訪れた。今度は斜面を登っていよいよ1号火口
を探査。2014年の夏は火口底から温泉が湧いていた。湧き出し口か
ら20mほど火口底を流れて地面にしみ込んでいく。1号火口は硫黄
が噴き出した火口なので東西方向、南北方向の両方を特に綿密（めんみつ）に
計った（図6-7）。ただ、北半分は乗用車くらいの大きさの岩がごろご
ろしていてとても計測できない。

図6-5　大広間の調査（2014年7月9日）　　**図6-7　1号火口での調査**

大広間南側
地点番号：1
計測日時：2014年7月9日 12:30−14:09
天気：晴れ
備考：砂礫の地面は乾燥していた

1

電極の間隔 （m）	電流 （mA）	電圧 （mA）	抵抗値 （Ω）	見掛けの 比抵抗（Ωm）
0.2	117.4	4.71	40.119	50.39
0.4	121.9	4.35	35.685	89.64
0.6	132.1	5.09	38.531	145.19
1	37.7	1.214	32.202	202.23
1.4	33.32	0.97	29.112	255.95
2	27.23	0.65	23.871	299.82
3	10.77	0.232	21.541	405.84
4	6.56	0.107	16.311	409.73
6	9.37	0.098	10.459	394.09
9	7.57	0.069	9.114927	515.18

大広間中央
地点番号：2
計測日時：2014年7月9日 15:12−16:22
天気：晴れ
備考：砂礫の地面は乾燥していた

2

電極の間隔 （m）	電流 （mA）	電圧 （mA）	抵抗値 （Ω）	見掛けの 比抵抗（Ωm）
0.2	8.07	5.49	680.297	854.45
0.4	2.76	0.804	291.304	731.76
0.6	5.3	0.861	162.453	612.12
1	5.52	0.466	84.420	530.16
1.4	7.26	0.302	41.598	365.73
2	2.45	0.074	30.204	379.36
3	4.34	0.057	13.134	247.44
4	5.01	0.054	10.778	270.75
6	4.58	0.032	6.987	263.27
9	8.7	0.058	6.666667	376.80

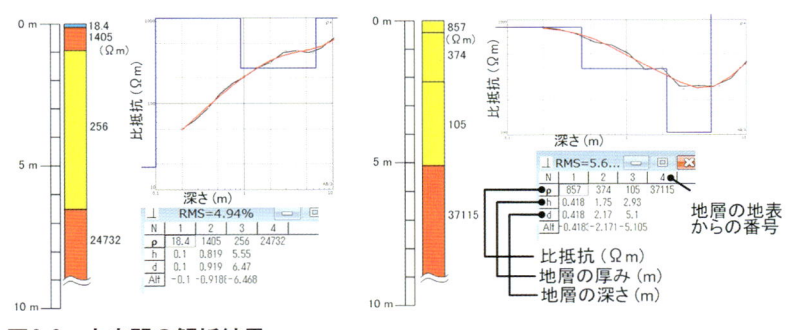

図6-6　大広間の解析結果

温泉が湧いているところを計るのは難儀だった。電流が流れ過ぎて電流計が計測不能になってしまうのだ。どうすべきか？　100V AC のケーブルに抵抗をはさめばよい、ということは知っているのだが、ここは知床半島中央部の大自然の中である。

　閃いた。1号火口の中には鉱山時代の材木が捨てられている。幸いその木片が半分朽ちた状態で温泉の中に浸かっていた。はさんでみたら、ちょうどよい抵抗になり、ちゃんと計測できた（後でわかったのだが、抵抗が大きすぎて一部計測データは使えなかった）。

　北海道なのにカンカン照りでものすごく暑い。しかも地面が真っ白なので日光が反射して下からも太陽光が照射される。ひととおり計測が終わったら、ヘビが出てきそうな岩の洞窟に入って休憩した。夕方になると涼しくなってきて作業がはかどった。

　1日の作業を終えると、ウトロに戻った。食堂でホッケ定食を待っている間、パソコンをひろげてデータをエクセルに入力したり、IPI2WIN で解析したりして、データをどんどんまとめていった。それにしてもホッケ定食はうまい！

　さて、図6-8は大広間と1号火口の電気探査をまとめたものだ。大曲線にそって切った断面図を右上に描いた。1号火口の中の柱状図（地点7、4、11、9）には、底から地下1〜6mくらいのところに濃い青色で示した比抵抗がすごく低いところがある。0.343〜1.81 Ωmという低い比抵抗だ。これは温泉の滞水層だ。実際にこのとき1号火口から温泉が湧き出していた。この比抵抗は海水のそれに似ている。やはりたくさんの物質が溶けているので、電気を通しやすいのだ。

　1号火口の探査が終わって、重いバッテリーやケーブルを抱えてさらに斜面を登っていった。今度は1号火口の北東側斜面からほぼ南北方向に移動しながら計っていって大曲線を横断する（図6-9）。大

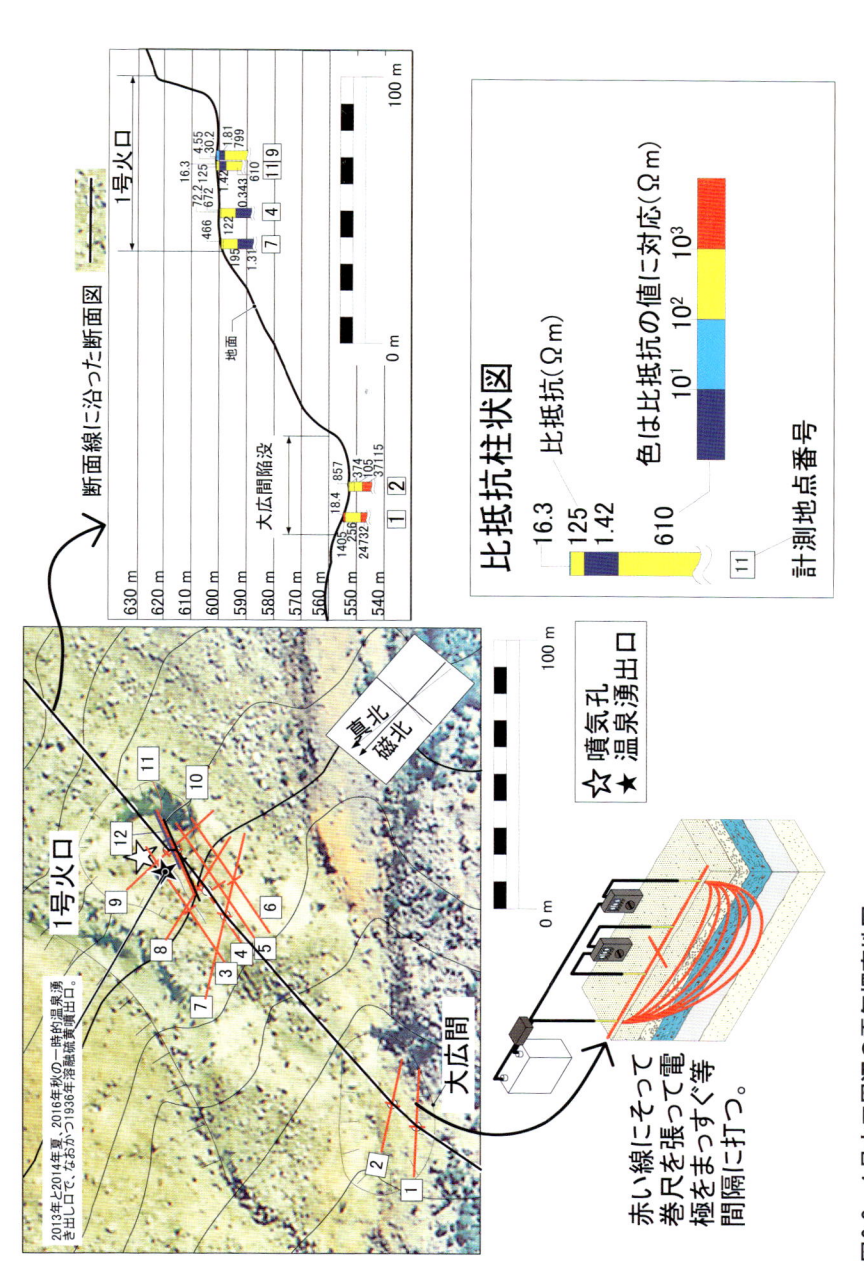

図6-8　1号火口周辺の電気探査地図

曲線の断面を取りたいと思ったからだ。どこかで温泉滞水層をとらえることができるかもしれない。ここも大きな岩が多く、力いっぱい押して石をよけたり、電極を打つ場所を工夫したりして計測を続けた。

テスターに異状発生

7月19日、朝4時に登山口に到着したら、登山道に巨大なヒグマが座って何かを食べていた。「こらー！」と怒鳴りつけると、ヒグマは後ずさりしたがまだ居座っている。早くどいてもらわないと、山に登れない。それでもう一度「こらー！」と怒鳴りつけてツカツカツカと詰め寄ったら、大慌てで逃げていった。これで山に登れる。ヒグマは結構人間を恐れているのだ。

6時くらいに山に到着。その日は大曲線の噴気帯を計測していた。不純物を含んだ硫黄がセメントのように地面をおおっていてとても硬い。真鍮の電極を打ち込むと電極がぐにゃっと歪んでしまう。少し深めに刺さないと電気が通らない。通電が終わって抜くときも大変だ。なかなか引っこ抜けないのだ。そんな特殊な場所だった。

そしてB噴気孔のすぐそばを計測しているとき（図6-9の地点23）、いつものように電気を流した。ところが電圧が上がらない。電流も少ししか上がらない。電極の間隔を20cmから40cmにして再度通電をしたら、さっきとまったく同じ電流電圧値になった。ケーブルが切れたのかと思い、テスターを使ってケーブルの導通（切れていないこと）を確認していく。テスターを電圧に設定してケーブルの両端に当てると、ケーブルがつながっていたらゼロになる。そうやって確認するのだが、どのケーブルもちゃんとつながっている。断線もしていない。なのにテスターの電流も電圧もほとんど上がらない。

ふと電流用と書いた赤いテープを貼っている方のテスターを電圧

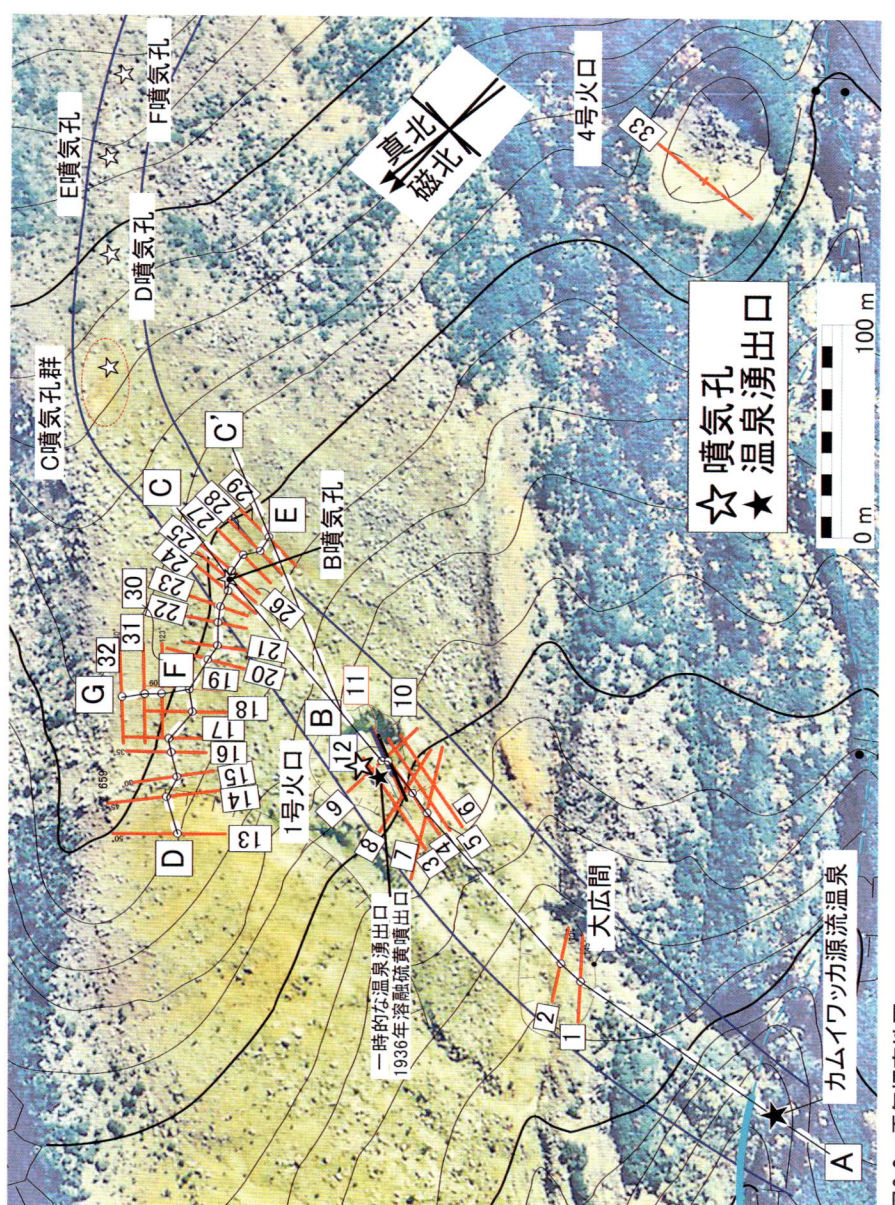

図6-9　電気探査地図

用のテスターで計ってみた。すると電圧がゼロにならない。抵抗値を計ったら無限大。こともあろうに電流用のテスターが絶縁体になっていたのだ。もしやと思って裏のふたをパカッと開けてみると、ヒューズが切れていた。ありゃぁ……。

　火山ガスで熱水変質して地面が粘土化しているところは抵抗値が低いようだ。それで電流が流れ過ぎた。ヒューズが切れると電流は計れなくなるが、他の機能はまだ生きている。だったら、電流用と電圧用のテスターを入れ替えればいいのだが、装置の異常に気づいていろいろと試行錯誤している間に、電流用と電圧用のテスターを入れ替えて通電してしまい、電圧用のテスターのヒューズも切ってしまっていたのだ。この日は電気探査終わり。

　すっかり意気消沈して山を降りた。ウトロでテスターのヒューズが手に入るあてもない。念のためガソリンスタンドでヒューズを見せてこれと同じものはありませんかと尋ねたが、ないとのこと。

　埼玉県にあるテスターの製造元にヒューズを購入したいと電話をした。ヒューズの値段だけの郵便切手を封筒に入れて送るよう指示された。それで予備も含めてヒューズ4本分の切手を速達で送った。キャンプ場の事務所に送ってくれるように手紙を入れておいた。しかし何日待ってもヒューズは来ない。

　もう一度製造元に電話をすると、送るのを忘れていたという。無駄に日が過ぎて、ヒューズが届いたのは8月に入ってからだった。

　8月になると、エンジンつきの乗り物でカムイワッカバス停に行けなくなる。移動手段のシャトルバスは始発が遅く、最終が早い。山にいる時間がかなり制限されてしまう。

電気探査を再開

　8月2日、電気探査を再開した。前回ヒューズが切れた抵抗値が

低い地面を計測するときは、電気ケーブルに抵抗をつけて電流を調節した。その日は2か所計測しただけで下山しなければならなくなった。最終バスの時刻が迫っていたからだ。やはりシャトルバスの期間は山での時間が短くて調査が進まない。

そこで、翌日からは山で泊ることにした。ウトロのキャンプ場に住居用のテントと荷物用のテント2つ張っていたのだが、荷物用のテントを残して住居用のテントを山に持っていった。1号火口の近くの岩と岩の間にテントを張った。テントを張っておくと、昼食後、少し寝っ転がって休憩ができていい。荷物も置いておける。そして何よりも、山で泊ると時間が有効に使える。1日に6か所くらい計測できる日もあった。また夜に山で見る星空はすばらしい。

1号火口の北にある岩場で電気探査をしていたときのこと、ふと背後に気配を感じた。後ろを見ると巨大なヒグマが僕をにらみつけている。今にも襲ってきそうな雰囲気だ。秘密兵器の熊スプレーを取り出そうと登山用リュックサックに手を伸ばすが、スプレーはリュックの底の方にあり、なかなか取り出せない。そのときふと思った。あんな巨大な熊を間近で見られるなんて、もう二度とないだろう。そこで、カメラを取りだしたところ、ヒグマは一目散に逃げ出した。そばには子熊がいっしょにいて何度も振り返って僕の方を見ていた。おそらく子熊がいたから僕を威嚇していたのだろう。

図6-10はデータを解析して比抵抗柱状図を作って地図の断面図に並べたものだ。柱状図の濃い青で示した比抵抗がすごく低いところは温泉の脈があるのではないかと考えられる部分もあるし、熱水変質した粘土（ねんど）かもしれない。そういう粘土のところで電流が流れ過ぎてヒューズが切れたわけだ。ちょっとこれだけでははっきりわからないが、温泉脈があるかもしれない。

その年は9月半ばまで知床にいた。2か月半にわたりテント暮ら

しをしていたが、最後の３日だけウトロの「酋長の家」というアイヌの人たちが経営する民宿に泊った。その民宿ではアイヌの文化が楽しめるので、知床で宿に泊るときはいつもそこを利用している。夕食のときには大女将さんが、「イランカラプテ（あなたの心にふれさせてください）」というアイヌ語のあいさつとともに事務室から食堂に出てきてアイヌの話をしてくれる。料理はアイヌ独特のもので魚料理がうまい。

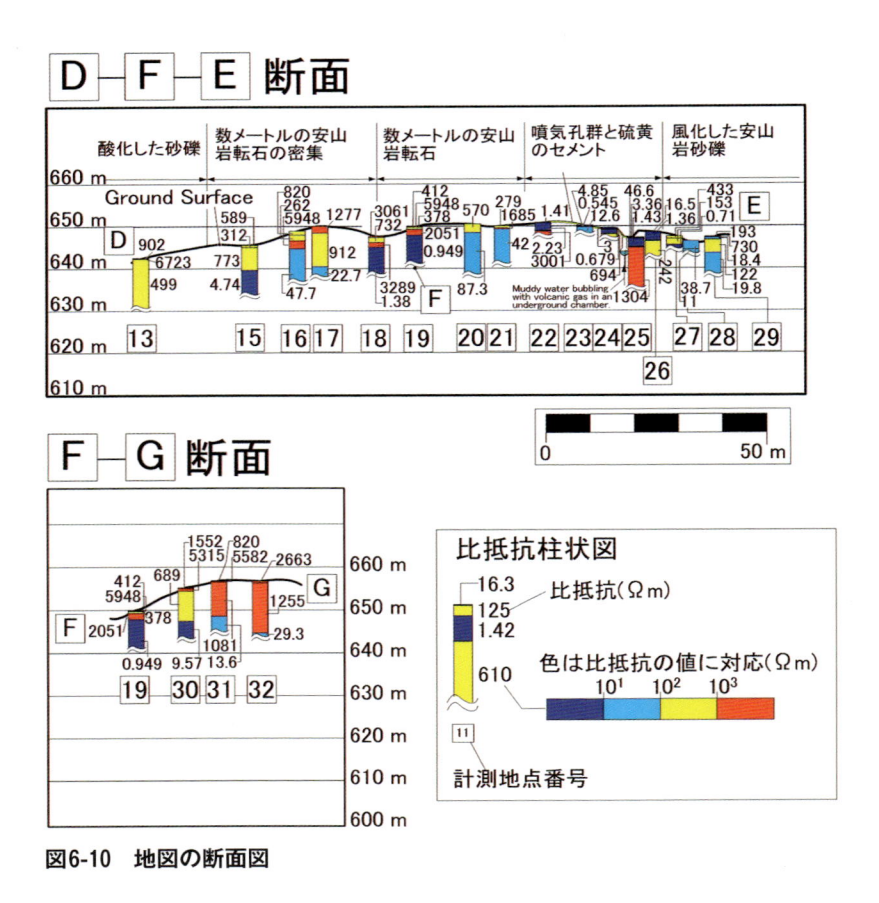

図6-10　地図の断面図

９月中旬、一連の調査を終えて知床を後にした。いつもなら小樽に行って船で帰ることになるが、せっかくなのでいろんなものを見て帰ることにした。阿寒湖、アトサヌプリ、十勝岳、有珠山、恵山、青森県に渡って三内丸山遺跡、太宰治の生家、福島県にある火山の磐梯山など、さまざまな場所を訪れながら、京都までずっと陸上を走って帰ってきた。知床の「酋長の家」から京都まで2801kmだった。タイヤが１本ダメになって、新潟県の村松というところで交換した。

滞水層の体積を求める

　京都に帰って、また京都大学の後藤先生の研究室を訪れた。知床での調査中、先生は調査船で海底の調査をされていたが、その忙しい時間の合間に僕の質問に答えてくださった。

　電気探査の電流・電圧のデータを見ていただいて、電圧が低すぎるものがいくつかあった。電流が流れ過ぎるのを避けるため抵抗をはさんで取ったデータのうち、いくつかは抵抗が大きすぎたようだ。それらのデータについては、はぶかざるをえなかった。図6-8、図6-10はそういうあやふやなデータを除外して処理したものだ。ただ、これで硫黄が作られる仕組みをどう説明していいかわからない。

　それから自然電位についても、後藤先生からアドバイスをいただいた。自然電位には標高による影響があるから標高による影響を消すようデータ処理をすればいいとのことだった。そこで浮かび上がってくるのが自然電位の熱異常地域だ。これは火山活動が活発な地域をあらわしている。ここまでは第５章で述べたとおりだ。そして電気探査によって地下に滞水層がありそうだということがわかった。滞水層の厚みは……カムイワッカで温泉が湧いているところを見てみると幅はおおよそ10m（ただ10mというのは後で間違いだとわかっ

た）。これで自然電位の熱異常地域直下の滞水層の体積を求めた。

ただ、滞水層というのは、中にたくさんの礫（小さな石）や砂があってその隙間を水が流れている。砂礫と砂礫の間の隙間の割合を「間隙率」というのだが、これも電気探査の結果が役にたった。

図6-8の右上の断面図にある1号火口直下の滞水層（濃い青色）の比抵抗を平均した。それと実際に湧いてきた温泉水の電気伝導率（電気の通りやすさ）を後藤先生に実験室で計っていただいた。それらを基に間隙率を計算して、滞水層の間隙の体積を求めたところ、11万8200㎥とでた。渡邊氏の論文によると、1936（昭和11）年の噴火で20万トンの硫黄が噴出したという。硫黄の比重は2なので、体積にすると10万㎥と、近い値になる。

約21°（度）に傾いた滞水層が砂礫でできているとすれば、どれくらいの速度で硫黄は流れるのか。溶融硫黄が滞水層で流れる速度が遅すぎたら、火口から出てこられないので、これはちゃんと計算しておかねばならない。計算方法を先生に教えていただいて、直径50mの火口直下の滞水層での硫黄が流れる速度を計算してみると、4日間で2万5350㎥の硫黄が火口から出てくることができるとでた。当時の記録では4日間で数千トンの硫黄がでていたので、これは十分すぎる量だ。数値は現実とも合致する。

ひっそりと学会発表

さらに後藤先生は、これを学会で発表するように勧めてくださった。それまで僕は学会で発表することなどまったく考えたことがなかったが、先生の勧めで目が覚めた思いだ。僕が山で調べてきたことは、価値あることなのだと改めて実感した。そこで、千葉県幕張で行われる日本地球惑星科学連合の大会のポスター発表に申し込みをした。なんだかSF小説に登場する組織の名前のようだが、日本

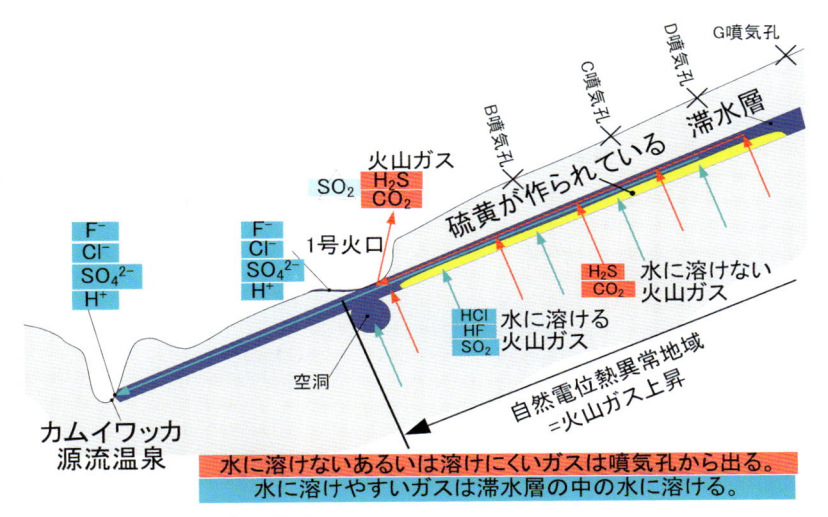

図6-11　ポスター発表の結論

火山学会や日本地質学会など多くの学術団体が加盟している連合組織である。

　発表用のポスターは、何度か行ったことのある学会で見た記憶をもとに見よう見まねで作ってみた。現地を歩きまわって作った地質図、火山ガスと温泉の分析表、そして自然電位と電気探査の結果を載せた。そしてそのデータを基にして1号火口東側斜面の自然電位が高い地域の地下温泉滞水層で火山ガスの反応から温泉が作られるという理論を展開した（図6-11）。ポスターは掲示版を全面使ったが、調べたことすべてを書ききるにはスペースがたりないぐらいだった。

　2015年5月、夜行バスで東京へ。そこから電車で幕張に行った。5月25日学会会場の入り口で後藤先生と合流し、ポスター掲示会場でポスターを貼った。次ページの図6-12はそのときの記念写真で、右側に写っているのが後藤先生だ。その日はできるだけポスターの前に立つようにしていたが、それほど見にきてくれる人はいない。

図6-12　日本地球惑星科学連合大会にて
筆者（左）と後藤先生（2015年5月25日）

　ちょっとさみしい発表になったが、他の研究者の方々と知り合いになることができた。

　その日、京都大学の人たちの飲み会があった。僕は後藤先生に誘われて飲み会にまぎれこんだ。飲み会の後、先生が今日のポスターを論文化しましょうと言ってくださった。ポスター発表で満足していてはいけないのだ。すっかりその気になって、次の日、学会の会場に出展している書店で論文の書き方の本を買った。帰りの東海道本線の電車の中でさっそく読んだ。

　世界一変な火山・知床硫黄山の噴火の仕組みを世界に発信する。このとき僕の大きなミッションが動き出した。

7

再び自然電位

熱異常地域を再調査

　学会からおよそ1か月後の2015(平成27)年7月3日、僕はまたヤマハの50ccスクーターで北海道を走っていた。7月1日の夜に小樽に着いて雨の中を苫小牧へ走り、そこで1泊した。それから一日中北海道の南側海岸沿いを走って日高山脈を越え、釧路でまた1泊。釧路から中標津、標津、そして斜里町にやってきた。かなりの長旅だった。

　峠を越えて山を下りてきたら気温が上がり暖かくなってきた。もうすぐ斜里町の中心に着くというところで、道路の左側にキャンプ場が見えた。あわてて引き返す。「みどり工房しゃり　そよ風キャンプ場」とある。そこで1か月キャンプすることにした。

　管理人の田村修さんは、しかめっつらで冗談を言うおもしろいおじさんだ。それに埼玉県から大きなキャンピングカーで来た野口さんご夫婦がボランティアをしておられた。田村さんはもっぱらキャンプ場周辺の芝刈り。それこそ一日中芝刈り機を操作して芝刈りをしている。キャンプ場の芝は、ある程度長いほうがクッションになっていいのだが……。

　僕が知床硫黄山の調査をしていることは3人にお話したのだが、どうも理解されておらず、毎日知床硫黄山ばかり行くので3人とも不思議がっていた。

　学会でポスター発表した後、そもそもなぜまた何をしに知床硫黄

山に来たのかというと、追加調査が必要だと思ったからだ。

　さかのぼって、図5-9(85ページ)を見ていただきたい。これはポスター発表のときにポスターに載せた図なのだが、斜線の自然電位の熱異常地域を見てみると左のほうはいびつな曲線で囲まれているが、上、右、下はまっすぐな直線だ。わかりやすくするため、斜線の部分を抜き出してみたのが次ページの図である(図7-1)。太い直線の外側にも熱異常地域は続いているはずなのだが、測定していないのでどこまで続いているのか、熱異常地域とそうでないところの境界線がどこを通っているのかが不明なままである。

　論文を書くためには、どこまでが熱異常地域なのか明確にしておきたいと思った。この境界線が定まれば、より正確に硫黄の蓄積量も算出できるはずである。そのための調査が目的である(と書いたが、なんとか理由を得て、知床硫黄山に行きたかったのだ)。

　7月4日早朝5時、芝刈り機の音で目が覚めた。斜里町は北海道の東の端にあって、夏は朝3時くらいから明るくなりはじめる。兵庫県明石市を基準にしている日本標準時が、きっとここの人たちには合わないのだろう、と納得するための理由を考えた。僕はテントからはい出し、追い立てられるように知床硫黄山へと向かった。

　コバルトブルーの硫酸銅水溶液を2L入りペットボトルに入れ、ペットボトル電極とテスターも持って山に登った。1号火口に到着。10か月ぶりの知床硫黄山である。7月だというのに気温は13℃。ペットボトル電極に硫酸銅を注ぎ込み、キャリブレーション(測定器の目盛りの調整)をおこなう。図7-2のように、ペットボトル電極を隣同士に並べて電位を測って、ゼロに近ければOKである。このとき2mVだったが、これくらいなら問題はない。いよいよ調査開始だ。

　初日のこの日は1号火口から南の方へ向かって計測していった。計測しながら、累積値を計算して熱異常地域の境界がおおよそどこ

自然電位の
熱異常地域

太線の部分は、ちゃんと計
測できていない。

**図7-1　2015年春の時点で判明した
　　　　熱異常地域**

図7-2　キャリブレーション

図7-3　計測のようす

にあるのかを把握しながら進んだ。自然電位は目に見えない。周り
を見渡しながら、見えないものの存在を想像しながら計っていった。

　ちなみに自然電位を計測するときは、ペットボトルに新聞紙をか
ぶせる (図7-3)。日光があたると微妙に電位が変わるのだ。また、電
極の周りを歩くと地面に圧力が加わって電位が変わることもある。
自然電位は結構繊細なものなのだ。

　地図は前述の25cm×25cmの大型フィルムをべた焼きしたものすご

い解像度の空中写真を拡大して白黒で印刷したものを使っている。これだと岩が識別できるので、正確に位置を把握できる。前年に計測した場所へ行くのに便利だが、それでも前の計測場所が見つからないことがある。その地図には真北（地形図の上）ではなく、磁北（磁石の指す北）の方向に線を入れている。真北と磁北のずれは8°強もあって、真北を使うとかなりずれてしまうのだ。

　2日目、前年に計った場所から南東へ計測していく。だいぶ進んだところでハイマツの茂みにきた(図7-4)。まだまだ電位は高く、熱異常の境界線はハイマツの林の中にありそうだ。進みたいのはやまやまなれど、ハイマツは密集して茂っていてまるで壁のように僕の行く手をはばむ。かき分けかき分けハイマツジャングルに入ろうとするが、これ以上は進めない。

　翌日の朝、みどり工房でテントから出て出発しようとしたとき、ドローンが飛んできた。野口さんが操縦しているのだ。バイクを押して管理人室へいくと管理人の田村さんが「お茶でも飲みなさい」と言ってくださった。野口さんの奥さんがストーブでパンを焼いてくださった。「好きなことをするのは一番よいことよ」と言われ、しみじみとパンをいただいた。

　その日は1号火口の南東方向を調査していたのだが、現場での簡易計算で電位がかなりおかしいことがわかった。途中計ったある場所が異常に高い電位なのだ。なんとか補正をしたが、なにぶん目に見えないものなので、厄介だ。

　7月8日は、想像を絶する強烈な寒さだった。冬の格好をしていても寒い。朝3時に起きて調査に出かけようと思ったのだがこの寒さではバイクを運転するのは無理だし、山に上がっても寒さでとても調査どころではないと思って休むことにした。一日中冬の服を着てデータの処理をしていた。ところがわずか3日後には、まるで京

図7-4　ハイマツの茂み

都と変わらないくらいの灼熱地獄になる。温度差が激しすぎる。

　自然電位はやはり大曲線上は特に高い値になる。大曲線の周囲もそれなりに高い。

　また、計測値の北東側はハイマツと裸地との境界がそのまま熱異常地域とそうでないところとの境となった。少しハイマツに分け入って計ったがハイマツ林に入れば自然電位は低くなる。推測でしかないが、自然電位の熱異常地域は、植物が生えにくいのだと思う。

　計測したところには、近くの灌木に紙テープを巻いて目印にした。それを目印にして次に計測する場所を地図上で確認していった。また自作した平面の地図だけでは高低差がわからないので、立体写真も使って位置を確認した。こちらはカラーなので重宝した。

　みどり工房から硫黄山まではかなり距離があり、毎日往復するのは大変だ。そのため山でテントを張って泊ることもしばしばあった。テントは2009年に買ったもので、もう150泊くらいしている。オー

ストラリアに皆既日食を見に行ったときもこのテントを持って行って現地でキャンプしたものだ。テントシートは劣化して、骨は一部折れてしまったが、ガムテープで補強してなんとか使っていた。

夜は大きなヒグマが「ホォホォホォ」と声を出しながら近くを歩いて行った。またびっくりさせてやろうかと思ったがやめた。

1か月にわたった調査が終了

1か月間の調査を終えた。ペットボトル電極もスコップももうボロボロになってしまった(図7-5)。2013年から2年間で300か所以上計測した。これで硫黄が生成されている場所と範囲がかなりの精度で特定できた。京都に帰ってデータを処理しよう。大満足で山を降りた。登山口ではキツネがこっちを見ていた(図7-6)。

京都に帰るため、荷物をまとめた。キャンプ場に張っていたテントは亀岡のホームセンターで安売りしていた3000円の品だったので、雨の日は水がしみてくる。朝目が覚めたら、足元に水たまりができていて、足が水に浸っていたこともあった。それで青いビニールシートをかぶせていた。ひどいテントだが、まだ使っている(図7-7)。

みどり工房を去る前に、キャンプ場管理人室で田村さんと野口さんご夫妻がジンギスカンをごちそうしてくれた。この1か月間、何かと僕のことを心配してくれて、朝ごはんを作ってくださったりして本当にお世話になった。ほんとに心やさしい人たちだった。記念写真を撮影してみどり工房を後にした(図7-8)。

翌日の夜、小樽で新日本海フェリーの船に乗って灼熱地獄の京都へと船出した。

図7-5　かなりくたびれてきた道具類

図7-6　キツネ

図7-7　テントの上にビニールシート

図7-8　「みどり工房」の皆さんと筆者（撮影 江刺隆夫さん）

8

地図に現れた「巨大金魚」

3つのデータを1つにまとめる

　今回山で自然電位探査した2015年データと2013年と2014年に得た
データとをエクセル上で1つにまとめた。最初に計測したのは2013
年8月なので、もっとも古いデータと最も新しいデータとの間には
2年近い隔たりがある。時間が開くと自然電位も変化するかもしれ
なかったが、幸い大きな誤差もなくいっしょにあつかうことができ
た。

　各地点で計測した自然電位、標高を入力すると前もって入れてい
た関数で自動的に標高補正する。地図の等高線は10m間隔なのだが、
等高線と等高線の間に物差しを当ててメートル単位で標高を求めた。

　前回と同様、得られた標高補正済自然電位を色に置き換える。ペ
イントソフトの上で虹色（レインボー）スケールと目盛を合わせ、ス
ポイトで色を抽出してRGBを調べる。それをエクセルに手打ち
していく。絵描きソフトVisioの上で、学会でポスター発表したと
きの地図の範囲を広げて、調査地点に丸を置いていく。その丸に自
然電位に応じた色のRGBを設定して、正確に色を反映させていった。

　今回は一番低い電位を0 mVとしたので、熱異常地域との境界は
115.6 mVになった。115.6 mVの境界線を引いていった。115.6 mV
より高い地点とこれより低い地点の間を境界線が通ると考えられる。
2つの地点のどのあたりを通るかも正確に作図していった（図8-1）。

　そしてついに全体にわたり境界線を引いた知床硫黄山の溶融硫黄

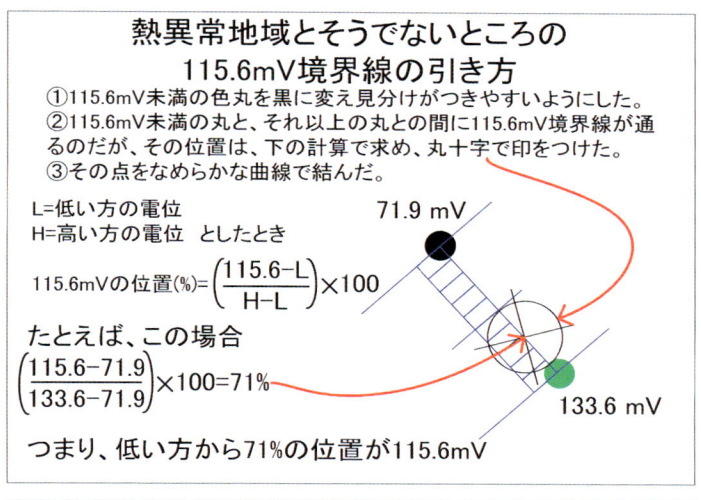

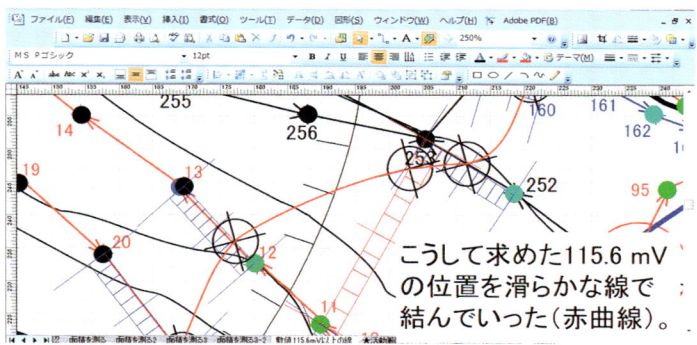

図8-1　115.6 mV境界線の引き方

生成の場は、大きめの尾びれのように見える部分があることから、「金魚」を連想させる形をしていた（図8-2）。

　1号火口がちょうど金魚型地域の頭に位置する。胴体と尾びれは東側斜面に広がり、まさに金魚が斜面で悠然と泳いでいるようだ。重機で地面を掘らないと決して見ることができない姿がそこに現れ、いまさらながらに自然電位探査の力に感動した。

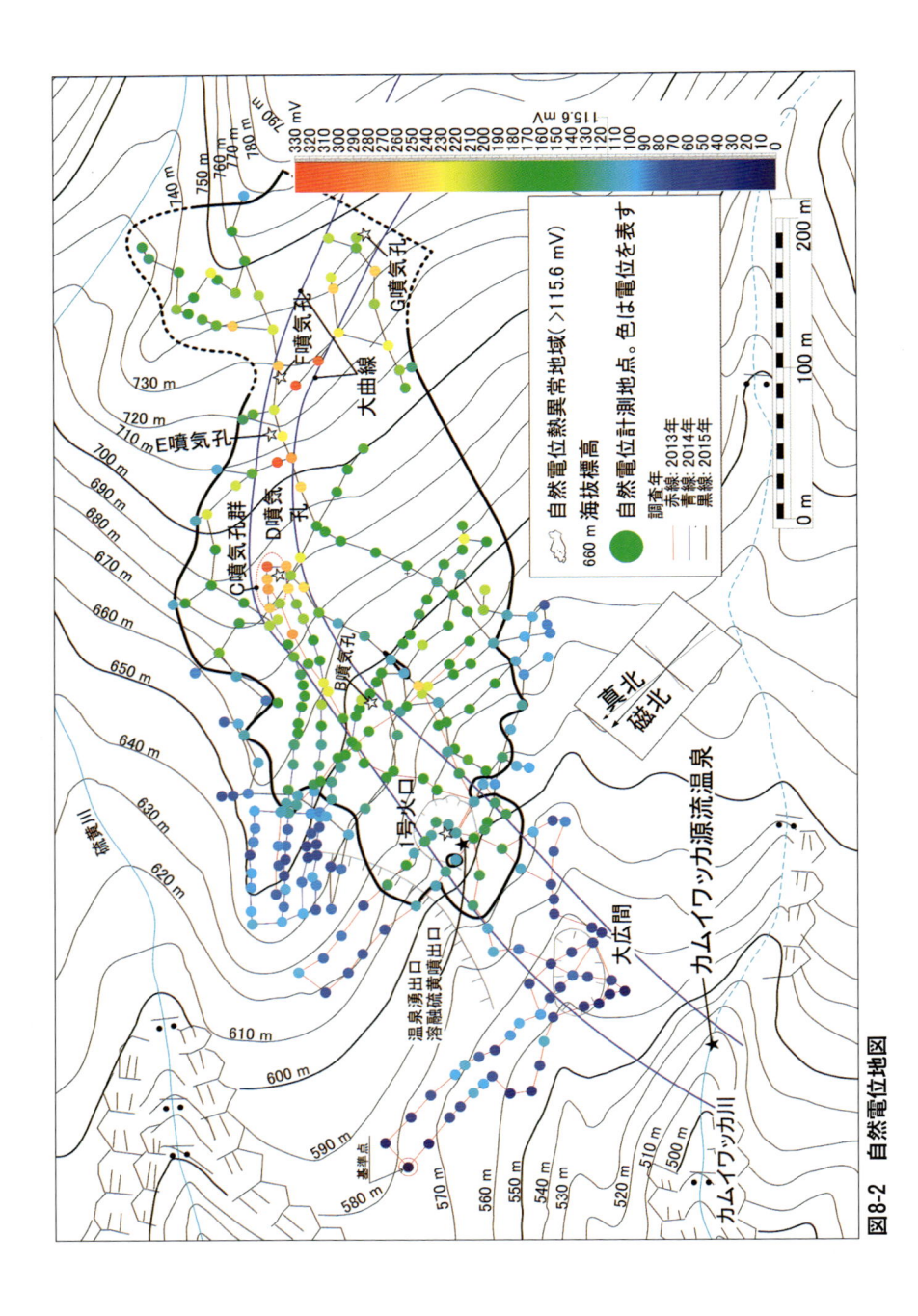

図8-2 自然電位地図

火山活動の中心は東側斜面の地下

　硫黄は1号火口の東側斜面の金魚型の熱異常地域で作られている。もっとも標高が低いのが1号火口のあたりだ。それから大曲線沿いに東方に斜面を登っていくと1号火口から200mほどのC噴気孔のあたりから自然電位がかなり高くなる。300 mV を示す赤い丸やオレンジ色の丸がほとんどだ。一方、1号火口周辺は熱異常地域の中でも比較的自然電位が低い。緑色や水色の丸が点在している。1号火口は噴気が活発で今もたまに温泉が湧くし、かつては大量の溶融硫黄が噴き出した場所ではあるが、ここは火山活動の中心ではなかったのである。

　活動の中心は東側斜面、特にC噴気孔からG噴気孔のあたりにあるのだ。そこで温泉滞水層に火山ガスが噴き出して中で化学反応を起こして硫黄が作られる。数十年という長い年月をかけて硫黄はどんどん蓄積されていく。それが火山活動が活発化したり、あるいは水蒸気の圧力が高まるなど、何らかの原因で活動を始める。温泉滞水層の中を溶融硫黄が流れ下り、ぱっくりと口を開けている1号火口から噴き出してくるのだ。

　図8-3は論文に載せた図解を日本語に訳したものだ。今回、硫黄のところだけ黄色く色を塗った。第6章で説明したポスター発表の図から若干変わっているが、基本的には同じだ。

　図8-2をもう少しくわしく見ていこう。1号火口周辺は結構密に計測しているので、丸が密集しているのがわかる。そのため115.6 mV の境界線がわりと入り組んでいる。それだけ正確に曲線を描いたということだ。しかし、南東部分（金魚の腹の部分）はどうだろう？色丸がかなりまばらだ。このあたりはハイマツが茂っていて入っていけなかったところだ。金魚の尾ビレの部分はこともあろうに破線

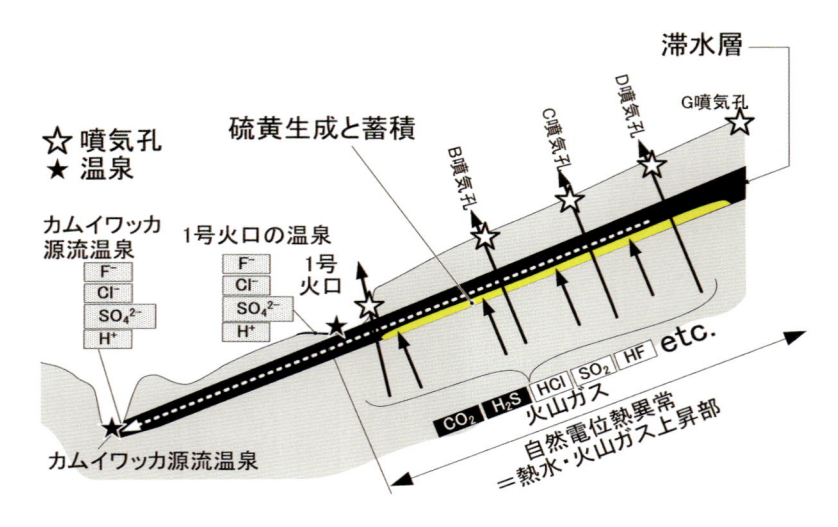

図8-3　硫黄生成模式図

になっている。ここもかなり茂っていて仕方がなかった。周囲の電位を見ながらおおよそこの辺だろうというところに破線を引いてある。そういうわけで、この破線の部分と南東部分（金魚の腹）は、曖昧さが残る。

滞水層の体積を再計算してみる

　これで熱異常地域の滞水層の体積を求めなおした。ポスター発表のときは滞水層の厚みを10mとしたが、これを訂正した。追加調査のとき、海底の硫黄噴火を調べておられる産業技術総合研究所（茨城県つくば市）の中村光一さんに頼まれて現地を案内した。中村さんにカムイワッカの温泉湧き出し口を見ていただいたところ、温泉が湧いていると思っていた地層が間違っていたことがわかったので、論文では厚み４ｍにしている。

　滞水層は面積からすると薄いものだとわかるが、熱異常地域のど

こでも厚さ４ｍとは必ずしもいえない。とりあえず、４ｍを滞水層の厚さとして採用した。考えてみると、薄く広域に広がっていることで、ラジエーター（放熱装置）のように熱を放出しやすいのかもしれない。

　まずは熱異常地域の面積を計る。10ｍ間隔の方眼を描いてその中に金魚を入れた(図8-4)。「赤い領域を完全に含む正方形の数」と「赤い領域を少しでも含む正方形の数」を足して２で割った。こうして求めた金魚の面積は、７万9950㎡となる。これに厚さ４ｍをかけると、31万9800㎥。およそ32万㎥である。

　滞水層は何もない空洞ではなく、中を埋めている砂礫（小石と砂）の隙間に温泉や硫黄が入っている。滞水層の中の間隙（かんげき）の割合を「間隙率」ということは、第６章で説明したが、１号火口の電気伝導度と電気探査をしたときに比抵抗から計算すると0.3になった。

　そこで、金魚の体積32万㎥に間隙率0.3をかけると９万6000㎥になる(図8-5)。つまり、９万6000㎥の硫黄や温泉が入る隙間（すきま）がある＝蓄える力があるということだ。

　1936（昭和11）年に実際に噴出した硫黄の量は、11万6523トンだった。渡邊武男氏の論文では、噴出した硫黄の量は20万トンと記されていた。しかし、中村さんからいただいた地質調査所の資料によると、船積みされた硫黄の量は、11万6523トンだったという。今回はこの数字を採用した。

　さて、硫黄の比重は２（水の２倍）なので、11万6523トンは、体積に換算すると５万8262㎥（116,523÷２）になる。

　　・熱異常地域の地下滞水層に蓄えることが可能な硫黄の量：96,000㎥
　　・1936年に噴出した硫黄の量：58,262㎥

　つまり、1936年に実際に噴出した量の1.65倍の硫黄をこの滞水層は蓄えることができるという計算になった。

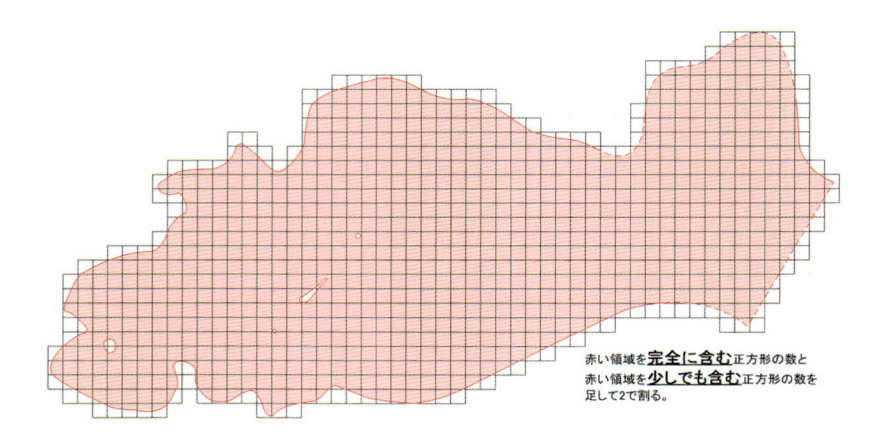

赤い領域を**完全に含む**正方形の数と
赤い領域を**少しでも含む**正方形の数を
足して2で割る。

図8-4　金魚の面積

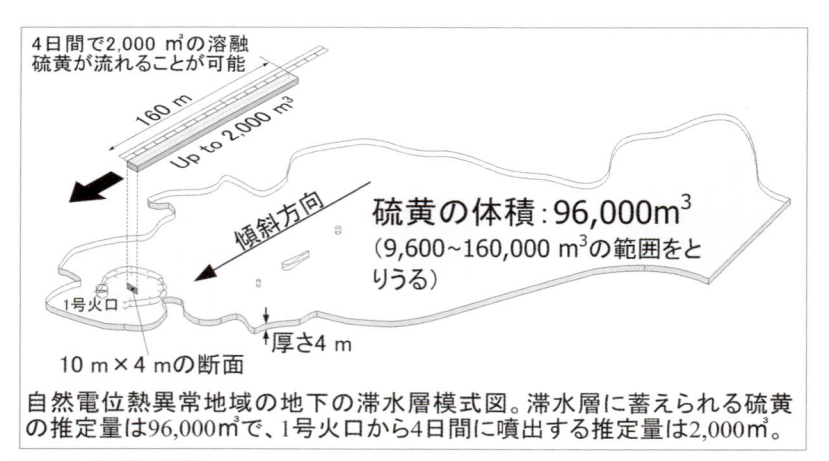

4日間で2,000 ㎥の溶融
硫黄が流れることが可能

160 m

Up to 2,000 m³

傾斜方向

硫黄の体積：96,000m³
（9,600〜160,000 m³の範囲をと
りうる）

1号火口

10 m×4 mの断面

厚さ4 m

自然電位熱異常地域の地下の滞水層模式図。滞水層に蓄えられる硫黄
の推定量は96,000㎥で、1号火口から4日間に噴出する推定量は2,000㎥。

図8-5　硫黄の体積
　　　硫黄は厚さ4mの薄い滞水層のうちの、火山ガスが上がってきている
　　　金魚型の地域（自然電位熱異常地域）で蓄積されていると考えられる。

図8-5の9600 〜 16万㎡という範囲は、ハイマツのジャングルや岩にはばまれて自然電位が計れなかった場所がかなりあったために、可能な範囲として示したものだ。論文を書いたときに査読者（論文の審査をする人）にどれくらいの範囲を取るのかと尋ねられ、こんなの算出するのは無理かと思ったが、後藤先生がうまく計算してくださった。

硫黄は滞水層から噴出するのか？

1936年噴火で出てきた硫黄の総量の1.65倍もの容量が滞水層にあることはわかったが、もう１つ、難題が残されていた。

いくら硫黄が滞水層にあったとしても、ちゃんと火口から出てこれるのか、という後藤先生からの疑問である。溶融硫黄が水のようにサラサラ流れるのなら、すぐに火口から噴出するが、固まりかけのボンドのようにねばぁっとしていたら、滞水層の中でいつまでもぐずぐずして出てこないだろう。

どうやって計算するのかも、後藤先生に教えていただいた。

滞水層の中の液体の流速を知るには、ダルシーの法則という公式を使うのだそうだ。

v（cm／秒）＝ k × i

k は透水係数で、砂礫なので1.0 と決まっているそうだ。

i は動水勾配といって、滞水層の傾斜角のタンジェント。１号火口周辺の平均的な地面の傾斜は21°で、動水勾配は tan 21°＝0.38 となる。157℃の溶融硫黄の粘性は水の７倍。それで溶融硫黄が滞水層の中を流れる速度は、

v（cm／秒）＝ 1.0 × 0.38 ÷ 7 ＝ 0.054（cm／秒）

単位をセンチからミリに変えて、四捨五入すると、

v＝ 0.5 mm／秒

溶融硫黄が１日で流れる距離は、60秒×60分×24時間×0.5 mm／

秒＝43,200 mm／日＝43 m ということになる。ざっくり40mだ。

　1号火口はすり鉢形（ばちがた）をしているので、上の方の直径は40mほどだが、底はもっと狭く、10mほどである。火口底の地下10m×4mの断面から硫黄が出てくると考える。間隙率は30%、つまり0.3。火口下に10m×4mの地層の仮想的な壁があって、そこに小さな穴がたくさんあいているとしよう。その穴の割合が30% だ。その間隙(穴)から硫黄がスパゲティのようににゅるにゅるにゅると出てくる場合、1日で噴出することができる硫黄の量を求めてみる。

　硫黄が1日に流れる距離 × 火口下の滞水層の壁面積 × 間隙率

　40m×10m×4m× 0.3 ＝ 480㎥

　1日に約500㎥、4日間で2000㎥ほどということになる。

　これは、1936年当時4日間に1回の噴火で出てきた硫黄の量1759㎥に近い値だ。

科学雑誌に論文を投稿

Journal of Volcanology and Geothermal Research という科学雑誌がある。世界トップレベルの科学雑誌だ。ちょっと難しそうだったが、後藤先生と貴治先生に共著者になっていただいて、2017年5月25日、ついに論文を投稿した。

　2か月後の7月末に査読から帰ってきた。査読者に火山ガスのデータは使ってはいけないと言われてしまった。注射器で噴気孔から吸い取って袋に入れるやり方がダメだった。仕方がない。

　僕は査読のある論文に投稿するのは初めてだったので、後藤先生に丁寧に詳細にわたって指導していただいた。

　11月10日の早朝4時頃にネット経由で再提出したところ、その日の夕方に掲載決定のメールが来た。

　世界一変な火山と僕が、世界に出た瞬間だった。

以下がその論文である。

Yamamoto M., and Goto T., Kiji M., 2017. Possible mechanism of molten sulfur eruption: Implications from near-surface structures around of a crater on a flank of Mt. Shiretokoiozan, Hokkaido, Japan. *Journal of Volcanology and Geothermal Research* 346 (2017) 212-222

9

誰も知らなかったもう１つの硫黄流？

岩に付着した硫黄の謎

　知床硫黄山にはどうも不思議なものが多い。１号火口のそばにいると、どこからともなく「ボッ、ボッ」という音が聴こえる。大学の音声学で習った「破裂音」のようだ。その場では、ヒグマの鳴き声かもしれないと思い、納得した。

　夜、テントで寝ていると、「ゴォーッ」という鉱山の坑道の岩盤が崩れ落ちるような音が聴こえることがある。翌朝、見わたしても、どこも陥没していない。雷だったのだろうか？

　何度も現地を歩いておきながら、あの硫黄が流れたとされる火口沢はどうやってできたのかも知らない。聴くもの、見るもの、謎だらけである。

　2009年の秋のことだった。気になっていた１号火口の北東方向にある岩山を訪れた。まるで巨人が積み上げたように、数メートルもある大きく白い岩が積み上がっていた (図9-1)。１号火口の北東方向に大曲線から分岐するように岩が集まって列を成しているのが見える。岩山は周囲より若干高くなっていた。岩山のピークの数メートル周辺は熱水変質して真っ白に変色した砂や粘土だった。硫黄の塊が散乱していた。噴気孔があったのだろうか。来てはみたものの、何もわからない。

　何の収穫もなく立ち去ろうとしたとき、目の前の岩の表面に何かがあることに気づいた。プラスチックのようなものがついている。

目を近づけてもよく見えないほど小さいので、ルーペを取りだして拡大してみた。硫黄だった。小さな小さな硫黄の粒が岩の表面についていたのである (図9-2)。

噴気孔があったらしい場所から少し離れていた。そこは標高659mと国土地理院の地形図に表記されている。硫黄を噴いた1号火口の標高は600mなので、ここは溶融硫黄の流路ではない。噴気孔らしきものもあるが、少し離れている。どうして、この岩に硫黄がついているのだろう。

ルーペでじっくり観察してみると、硫黄には気泡があった (図9-2下の写真)。周囲の岩の表面も丹念に調べてみた。すると他にも岩でも付着した硫黄を見つけることができた。そのいくつかはやはり丸い気泡がある。それらの硫黄粒は岩の表面にべちゃっとこびりついているように見える。とりあえず、岩についた硫黄のことを「ペチャ硫黄」あるいは「岩覆硫黄」と呼ぶことにした。噴気からできた斜方晶系の尖った硫黄の結晶のように透明感はない。

ということは、1号火口より標高が高い別の火口があって、そこから流れてきたと考えるのが自然だが、そこは周辺でもっとも高い標高に位置するので、ありえない。その後、気をつけて岩に付着した硫黄を探してみると、あちこちで見つかった。

記録にある知床硫黄山の噴火は、すべて1号火口で起こっている。ということは、これは誰も知らない噴火で流れた溶融硫黄流の痕跡ということだろうか。記録に残されなかった「古硫黄流」だとしたら、新発見である。

そこで、僕は岩の付着物(この時点では「古硫黄流」の痕跡と考えていた)の分布を調べてみることにした。できるだけくまなく歩いて岩の表面を1つひとつじっくりと見ていく。硫黄らしきものがあったら、ルーペで拡大して確認する。地衣類だったり、石膏のようなものが

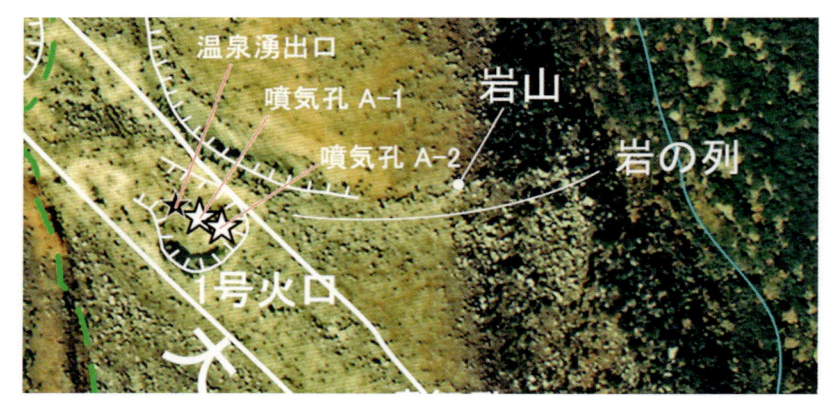

図9-1　1号火口北東方向の岩山

図9-2　岩の表面についていた硫黄の粒

くっついていることもあり、まぎらわしい。そういうときはナイフで削って柔らかさを確かめた。確認した硫黄の粒は、空中写真から作った地図に綿密（めんみつ）に記入していった。

ありえない姿の硫黄たち

　歩きまわって1つひとつ岩を観察しているうちに、不思議なものをいくつか見つけた。

　1号火口の北東斜面では、バラバラになった硫黄を見つけた。このあたりの岩はいびつに溶食していて、岩の上に穴がよくあいている。その穴の中にバラバラになった硫黄が入っていることがある(図9-3)。たいてい同じようにバラバラになった礫（れき）や砂も一緒に入っている。それも1つや2つではない。斜面のいたるところに同じようなものが見られるのだ。

　最初はカラスの仕業（しわざ）かと考えた。北海道のカラスは狂暴だ。例えば、バイクを置いてヘルメットをスーパーのレジ袋に入れて離れてしばらくしてもどってくると、レジ袋はくちばしでつつかれて穴だらけにされている。集団になってワシやタカなどの猛禽類（もうきん）を襲うこともある。これも、カラスに何か考えがあって、硫黄をバラバラにしてここに入れたのか。しかし、カラスが硫黄をつついている姿など、一度も見たことがない。

　岩の表面には、鳥の糞（ふん）のように、空から落ちてきてペチャッと飛び散ったような硫黄もある。図9-4の写真は大広間にあった岩に付着していたものだ。窪地の縁（ふち）のかなり高い位置にあった。大広間は溶融硫黄が流れ込んだところである。

　こちらは、人間の仕業かとも考えた。鉱山関係者の人がいたずらで液体の硫黄を飛ばしたのか。ちょっと苦しい理屈だ。

　図9-5の硫黄の場合は、岩肌を上から流れてきたように見える。

図9-3　1号火口北東斜面の岩の穴

図9-4　岩の表面に飛び散った硫黄

図9-5　岩に付着した硫黄

図9-6　岩の隙間の塊

図9-6になると、もっとここにある理由がわからない。

これらの硫黄は、岩の上の方に付着していることが多い。溶融硫黄として流れたのなら、岩の下につくはずではないだろうか。いや、「古硫黄流」が流れたばかりの時代を想像してみると、当時はこのあたりに厚さ数メートルの硫黄が堆積していたことだろう。硫黄は長年の雨風によって分解して流され、その後地面も流された。そのために岩の上部だけに硫黄が……残るわけはない。

「古硫黄流」の痕跡という考えは捨てた方がよさそうである。硫黄流にしてはつじつまの合わないものが多すぎる。

知床の夏は短い。結論を予想もできないまま、岩の上の硫黄付着物の分布域を地図にプロットしていった。こうしてできたのが、図9-7だ。

最初、僕はこの図の上の方にある「岩山」周辺を、「古硫黄流」の噴出口があった場所ではないかと考えていた。前述のように、ここは周囲より少し標高が高くなっている。そして熱水変質した白い砂礫や粘土の上に数メートルの岩が載っている。

この岩の下から大量の溶融硫黄が噴出したとしたら、図9-7のような分布になるだろうか。ならない。硫黄は等高線に直角の方向、つまり地図の左下の方向へまっすぐ流れるだろう。分布域は岩山の右の方（標高の高い方）にも広がっている。岩山は「古硫黄流」の噴出口ではありえない。

それでは、他に候補地はあるだろうか。地図を見ながら、現地へも足を運び、あそこに火口があれば、どう流れるかを考えてみたが、この分布域の岩に硫黄を付着させる「古硫黄流」の火口の場所はどこにもないという結論に至った。

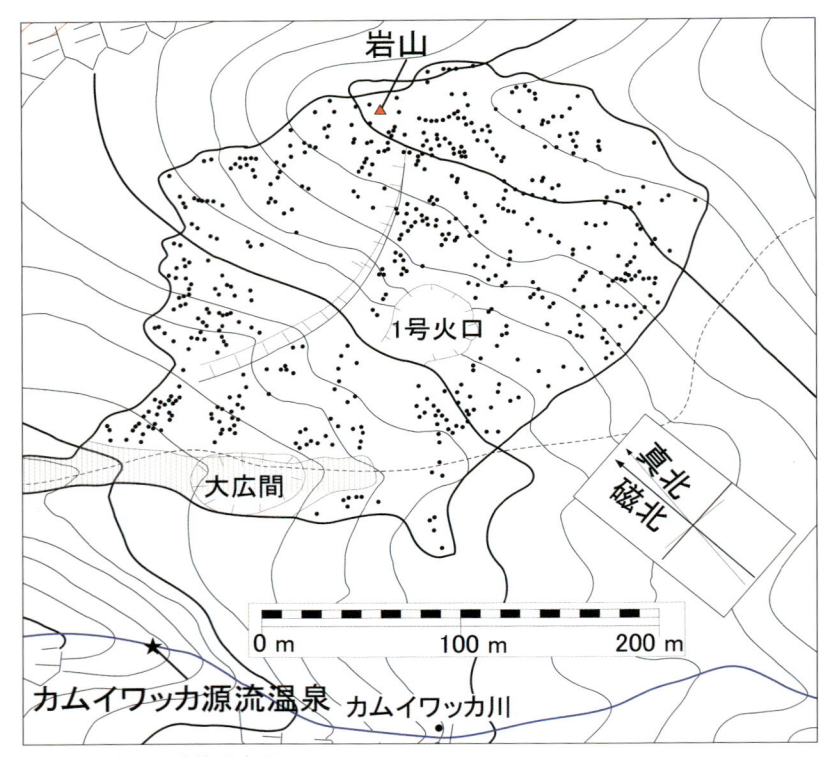

図9-7　ペチャ硫黄分布図

涙状硫黄と硫黄粒の発見

　2014年の夏、大広間の横の溶岩流ローブの上を歩いていたときのこと、岩と岩の間に露出している土の上に、炭化した木片や小石と一緒に数ミリから1cmくらいの硫黄粒が散乱していることに気がついた(図9-8)。そこは1936年溶融硫黄流の流路の大広間の縁だが、大広間からは数メートル高く、急な斜面と岩の上を登らなければ来ることができない場所だった。

　適当に拾って調査ノートの上に載せてみた(図9-9)。硫黄粒はおお

よそ1cm前後のものが多く、表面が滑（なめ）らかで割れた部分がほとんどない。表面には1㎜くらいの小さな突起（とっき）が複数ついていることが多い。気泡があるものもかなりある。また赤血球のように円盤状で中央部分が窪（くぼ）んでいるのも多数ある。どうやってこんなものができるのだろう。

さらに溶岩流ロープの上をつき進んだ。安定した岩の上を選んで歩くが、ハイマツに足を取られることもある。ところどころ安山岩（あんざんがん）の柱状節理（ちゅうじょうせつり）（柱状に割れた岩）が立っていたり、そのすぐ横で倒れたりしている。そんな岩と岩の隙間（すきま）にたくさんの粒でできた硫黄の砂があった (図9-10)。

どうもようすからして、1つひとつの硫黄粒は、液体の硫黄が飛ばされて空中で冷え固まったもののようだ。硫黄が1号火口にあったとき、もし固体だったら、爆発の衝撃でバラバラになって角（かど）がある角礫状（かくれきじょう）の硫黄片になったであろう。液体の硫黄が飛ばされ、空中を飛んでいるときに表面張力で球形に近い形となったのだろう。おそらく1号火口の中にあった溶融硫黄が、爆発で吹き飛ばされてここまで飛んできたようだ。

このでき方は、ハワイのキラウェア火山などで見られる「ペレの涙」に似ている。これは溶けた溶岩が爆発で飛ばされて空中で固まって涙状になるものだ。それにちなんで、この硫黄粒を「涙状硫黄（なみだじょう）」と呼ぶことにした。ただ、どちらかというと涙みたいな形のものはあまりない。図9-9の涙状硫黄を見てみると、赤血球のような形、つまり円盤状で中央部が窪んでいるのが多い。雨粒が落ちてくるときはこのような形になるそうだ。

たまたま今回大広間の近くで涙状硫黄を見つけたが、他にもないだろうか。また1号火口周辺を歩き回って探してみた。今度は岩と岩の隙間の地面を注意してみる。すると1号火口の北東斜面には、

図9-8　大広間縁の岩の間

図9-9　大広間縁で拾った涙状硫黄

涙状硫黄がたくさんあることがわかった。なぜかどれも岩の下にあって、めだたないので、意識せずに歩いていると見つけることはできない。

　なぜ岩の下のような見つけにくい場所ばかりにあるのだろうか。これは想像なのだが、涙状硫黄は小さいので大雨が降ったらすぐに流されてしまう。岩と岩の間や、岩の下に入り込んだ涙状硫黄だけが現在まで残ったのではないだろうか。今度も行ったり来たり歩きまわって涙状硫黄の分布図を作ってみた。

涙状硫黄は噴火で飛ばされたもの

　調査が終わった日の夜、ウトロの丘の上にある「潮風」という食堂でカラフトマスの焼き魚定食を待っている間、涙状硫黄の分布図をながめていた (図9-11)。

　これはまるで火山の本に出ている火山灰の分布図のようではないか。涙状硫黄の分布は、1号火口から北東方向と南西方向にのびていた。やはり1号火口で爆発が起こったのだ。おそらく1936年噴火のときだろう。どろどろに溶けた硫黄が1号火口にたまっていたか、あるいは表面は固体の硫黄でおおわれていた。地下からの圧力が高まり、耐えきれなくなった時点でドーンと爆発が起こる。液体の硫黄が周囲に飛び散った。硫黄のしぶきが吹き上がり風にのって流された。爆発は何度か起こり、あるときしぶきは北東方向へ流され、またあるときは南西方向に流されて、1号火口から3方向に涙状硫黄が分布した (図9-12)。

　以上が、分布図から僕の頭の中で組み立てられたストーリーである。となると、新発見かと期待した「古硫黄流」などというものは、もともとなかったのだ。岩の表面についていた硫黄は1号火口から爆発によって飛ばされてきたものだった。そう考えると今まで見て

図9-10　4号火口溶岩流の硫黄砂

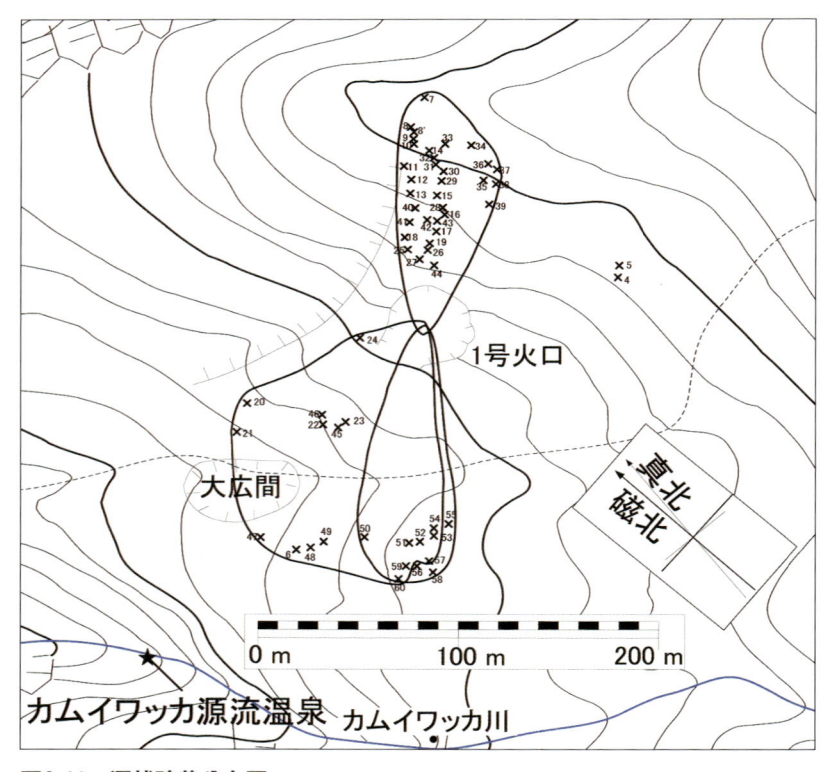

図9-11　涙状硫黄分布図

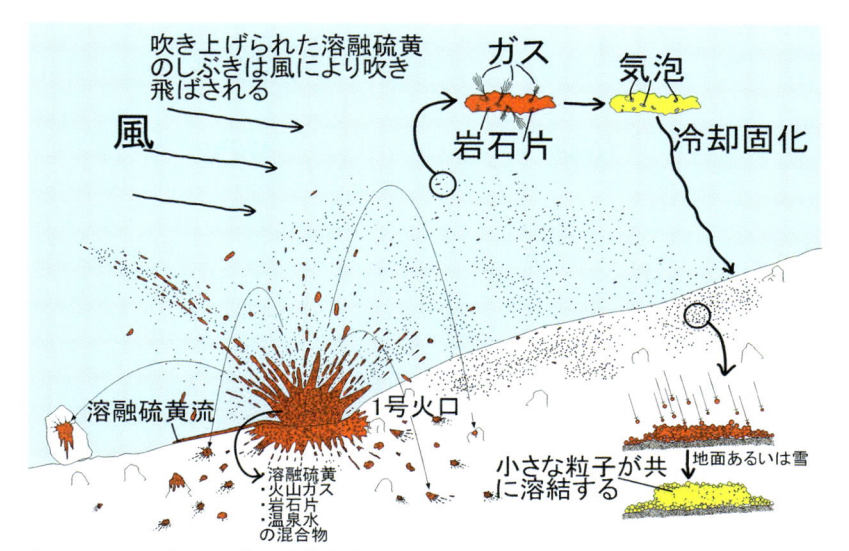

図9-12　１号火口の溶融硫黄を吹き上げた爆発噴火の想像図

きたことが合理的に説明できる。

　１号火口の中に貯まっていた溶融硫黄が爆発で飛ばされた。大きな塊は周囲の岩の表面にペチャッとついた。岩についた後、岩の側面を流れたり、岩の窪みに貯まったりした。また溶融硫黄の小粒なしぶきが岩の表面にぱらぱらとついたのもある。

　一方、小粒になって吹きあげられた硫黄は風に乗って北東方向と南西方向へと飛んだ。それが空中で表面張力によって丸くなり、落下するときには風圧で赤血球型になって落下したものが、「涙状硫黄」というわけだ。

10

涙状硫黄は知床硫黄山の噴火史を語る

個性豊かな涙状硫黄

　前の章ですでに結論は書いた。1号火口ではこれまで報告されていたような、茶褐色の溶融硫黄が火口から出てきてどろどろと流れ下る噴火の他にも、爆発して溶融硫黄を吹き飛ばす噴火もあったのだということがわかった。この章では、個性豊かな涙状硫黄を紹介していきたい。

　涙状硫黄を探すには、できるだけ低い姿勢を取って岩の下を見なければならない。のぞき込んでいるとヘビがいることがある。僕はヘビが苦手なので、この調査は怖い。これまでに見かけたのはアオダイショウばかりで噛まれて死ぬ危険があるわけではないが、あのにょろにょろが耐えられない。

　さて、1号火口北東斜面で岩の下を見ていくと、涙状硫黄がたくさんあった。それまで気づかなかったのが不思議なくらいだ。

　この狭い範囲で60か所調べたのだが、その一部をここで紹介しよう。図は第9章の図 (図9-11) に番号を打ち直した図10-1を使って説明する。番号の見方はこうだ。「涙状硫黄1-2」とあったら、図10-1の1の地点にあった涙状硫黄の中の2番目の試料という意味だ。涙状硫黄は1か所に集まって見つかることがほとんどなので、このようにした。歯ブラシを使って表面についている砂ほこりを落として方眼紙の上に載せて写真撮影した。無数にある涙状硫黄のほんの一部だが、1つずつ説明していこう。

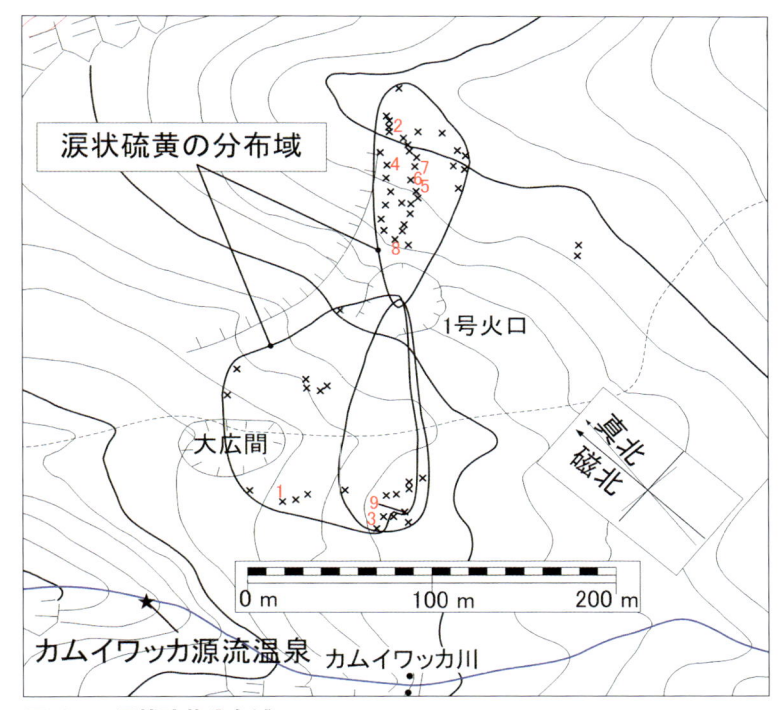

図10-1　涙状硫黄分布域

平たいものか棒状のものが多い

　まずは図10-2の1-1。図10-1の地図の地点1で見つけた1番目の涙状硫黄。図9-8を撮影した場所で、岩と岩の間にたまった砂礫の上に硫黄の粒が散乱していた。1-1は円盤形で真ん中がくぼんだ赤血球の形をした典型的な粒だ。

　ここには他にもたくさんの涙状硫黄が散乱していたが、赤血球形をしたものが多かった。表面には小さな丸い突起がいくつか見られるが、これは多くの涙状硫黄に共通して見られる特徴だ。

　1-1、1-2、1-3、2はどれも平べったいが、1-2は多少ずんぐりして

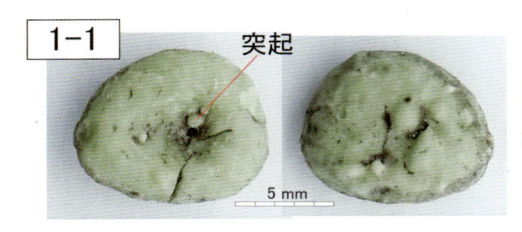

1-1 突起

赤血球形。中央がくぼんでいて、丸い突起がいくつもある。

5 mm

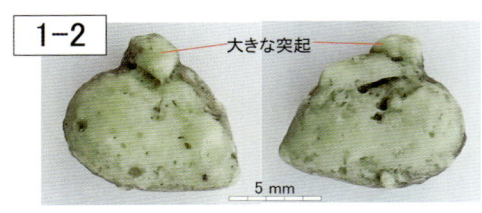

1-2 大きな突起

きんちゃく形。

5 mm

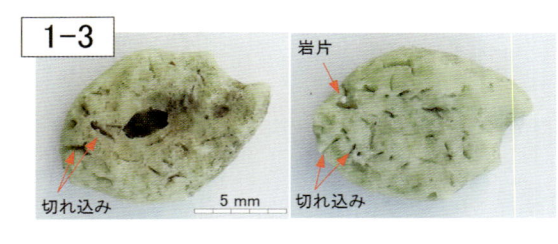

1-3 岩片

円盤形で真ん中に穴があいている。赤血球形に近い。いたるところに切れ込みがある。

切れ込み　5 mm　切れ込み

2

不規則な円盤形。大きめの突起や小さな突起が多い。中央に大きな割れ目がある。裏面は破損しているところがある。

5 mm

図10-2　平べったい円盤形

いる。1-3は切れ込みがあって突起がなかったり、2は円盤形をしているが不規則な輪郭だとか、違いはあるが似かよった形をしている。

図10-3の3-1、3-2、3-3もやはり平たい。3-1と3-2は気泡が開いていて、とくに3-1はポップコーンのように膨張したように見える。小判形の3-3は下面の写真をよく見てみると、砂利の地面の型がつ

3-1

岩片

内部に空洞

5 mm

キャラメルコーン形

3-2

5 mm

3-3

岩片　　下面

切れ込み

中央にくぼみ　　　　　上面

5 mm

長く伸びた小判形の円盤。下面には切れ込みや地面の型、岩片が見える。

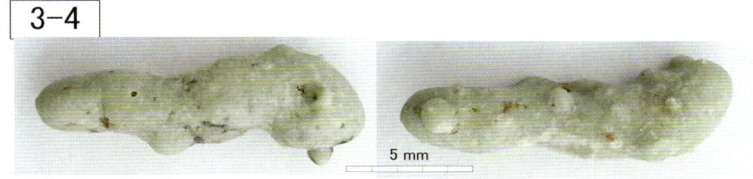

3-4

5 mm

スティック形

図10-3

いている。地面に着地したとき、まだ半分融けた状態で地面の押し型ができたのだろう。3-4はスティック形。このタイプの粒も割に

数が多い。立山の地獄谷で、火山ガスにより黒い泥を噴き出しているのを見たことがある。泥が棒状になって飛んでいた。目の錯覚かと思ったが、高速のシャッターで写真を撮ったところ、ちょうどこの3-4のような形をしていた。

図10-4の4も5もスティック形。5は特に小さな石の粒が入っていて、それは気泡の中にも見え隠れしている。6-1はタケノコ状のおもしろい形をしていて、左には大きな気泡があいている。

6-2は、不思議な形をしているが、よく見てみると下面は小さな

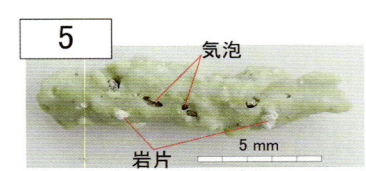

ところどころ気泡があいていて、穴の中と硫黄の表面とに岩片が見える。

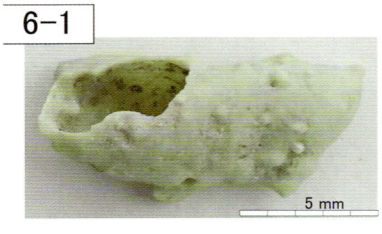

タケノコ状の硫黄の左には大きな気泡。

下面：小さな粒が大きな塊にくっついている。

上面：小さな粒が大きな塊にめり込んでいるように見える。

図10-4

涙状硫黄の丸い粒の集合になっているのがわかる。大きな本体と小さな粒とがくっついたようなものだ。さらに、上面には小さな硫黄が大きな本体にめり込んでいるようなものが見える。まだ融けていた大きな硫黄の塊に小さな涙状硫黄が落ちてきてやわらかい本体にめりこんだのだろう。

　図10-5の7はたくさんの小さな粒がくっつき合っている。中はいったいどうなっているのかと思い、切ってみた。目の細かいのこぎりで切って、ナイフで滑らかに削って歯ブラシで削りかすを取り

図10-5

除いた。するとこんな滑らかな切断面になる。小さな穴が若干ある
とはいえ、ほとんど硫黄が詰まっていて隙間がないことから、小さ
な粒が落ちたとき十分熱くてお互いに溶結（融けてくっつき合うこと）
したのではないだろうか。おそらく噴火当時はこういうもので地面
がおおわれていたのではないかと思っている。

　8はおもしろい形だろう。僕は「納豆状」と呼んでいたのだが、
僕の友達のハンドルネーム「おかよん～」にこの写真を見せたら、

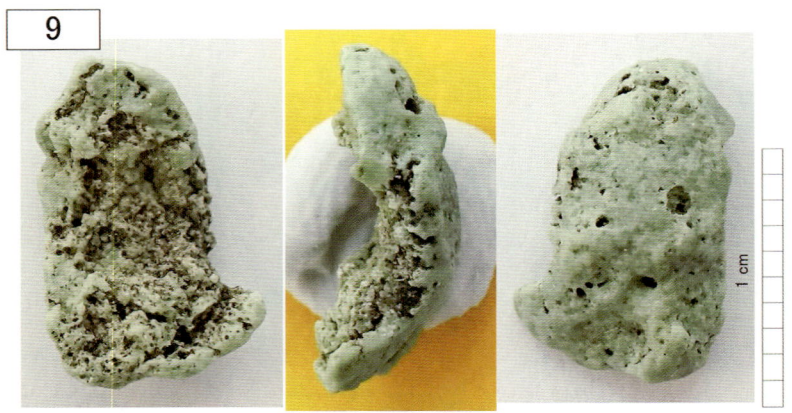

9

大きな球形の硫黄だったようだが、三日月形に割れた。表面に気
泡が多く見られることから、おそらくガスの膨張で割れたのではな
いか。左：球だった内部。中央：元の球形の輪郭が見える。右：球
形の外殻表面。気泡が多く見られる。

10　上面　下面

小さな粒が大きな塊とくっついている。

図10-6

「抹茶チョコクランチ」だと言った。これも7と同様溶結している
のだが、あまりがっちりとくっついているわけではない。手にとっ
たらボロボロと崩れる。弱い溶結だ。

　図10-6の9は、最初どうしてこんな不可思議なものができるのか
と思ったが、よくよく観察してみるともともと球形だったのだろう。
湾曲している内側が気泡の中なのだ。外側の表面を見てみると気泡
がいっぱいあいている。この粒ができた元の溶融硫黄は、冷えて固
まるときにコカコーラのように液体からガスがブシュブシュと出て
きて膨らんだ。膨らみ過ぎてパカッと割れた……おそらくそんなと
ころだろう。

　最後に図10-6の10。サイズは小さいが、これも小さな粒がくっつ
きあったものだと思う。
「涙状硫黄」と名づけてみたが、実際には涙のような形のものはあ
まりなかった。

11

岩の上にペチャッとくっついた硫黄の謎

ペチャ硫黄の調査に悪戦苦闘

　岩の上にペチャッとくっついている硫黄は、どうやら1号火口の爆発で吹き飛ばされて周囲に飛び散ったものらしい。じつは、溶融硫黄を吹き飛ばした噴火のようすを見たことがある研究者は、1人もいないそうで、その痕跡である硫黄についてだけでも火山研究の上では調べる価値があるそうだ。

　先にも書いたとおり、この岩の上に付着した硫黄を何と呼ぶべきかも自分で考える必要がある。飛んできて岩にペチャッとくっついたので、「ペチャ硫黄」ということにした。

　2016(平成28)年は、大阪で派遣社員をしていて忙しい毎日をおくっていたため、休みが限られてしまう。そのため2016年の夏は10日ほどしか知床に滞在することができなかった。

　前年にキャンプしていた「みどり工房」に立ち寄って、それから野口さんの奥さんに車でウトロまで送っていただいた。その日の夜はウトロにある温泉民宿「酋長の家」に滞在した。その2年前に生まれた経営者ご夫婦の赤ちゃんが、少し見ないうちにとても大きくなっていて驚いた。

　ちょうどエンジンつきの乗り物が乗り入れできない時期だったのでウトロからシャトルバスで通った。1日目は調査用具や水を持って山に上がった。天気はよく順調に調査が進むと思われた。ところが、翌朝、僕は「酋長の家」で朝食を食べながら、窓の外ばかりを

気にしていた。傘をさして歩いている人がいたかと思うと、しばらくすると傘をささずに歩いている人がいる。降ったりやんだりのくり返しだった。「酋長の家」のご主人に「天気、どうなるでしょうね」と尋ねたら、「昼ごろにはやむんじゃないかなぁ」となんとも曖昧な返事だ。

こういう日は宿でゆっくりしたほうがよかったのかもしれないが、この年は滞在日数が限られており、あまりゆっくりしていられない。帰りの飛行機も格安航空会社「ピーチ」にしていたので、予約の変更ができない。現地でテントを張ることに決め、必要のない荷物だけ「酋長の家」で預かってもらって、チェックアウトした。

ウトロ温泉バスターミナルでバスに乗ったころには雨はすっかりやんでいて、バスの窓をあけていたくらいだ。ところがカムイワッカに到着して山に登り始めたころ、霧雨が降りだした。最初は大したことなかったのでそのまま登り続けたが、だんだん降り方が本格的になってきた。傘をさして上ったが、ズボンはびしょびしょに濡れてしまった。山に到着したころには結構な本降りになっていて、すぐにテントを張って中に避難した。

かなり寒い。濡れたズボンを脱いで寝袋に入ったところ、野口さんから電話がかかってきた。僕がいたところは標高が650mと高く、町までかなりの距離があるとはいえ障害物がないので携帯電話が使えるのだ。山ではものすごい雨がドバーッと降っていて地獄だったと話したら、野口さんはケラケラ笑っていた。こっちは全身ずぶ濡れのうえに寒く、笑いごとではない。

結局、その日は山に登り始めてからずっと雨が降っており、来ただけで終わってしまった。夜もテントをたたきつけるような大雨が降って、ゴーッと、大量の水が流れるような音が聴こえる。

翌朝は8時半ごろ、野口さんから電話がかかってきた。「朝の確

認」とのことだったが、心配してくださっていた。

　雨がやんだので、濡れて氷のように冷たいズボンをはいてテントから出た。硫黄がついている岩を見た。するとまた雨が降ってきて、大急ぎでテントに退却した。来た、見た、降った。結局山に登ってできたことと言えば、これだけだった。

　12時半ごろ、網走建設局から電話がかかってきた。登山口の手前の道路を歩くときに申請書を書くのだが、そこに書いた電話番号をみて連絡してきたのだった。なんと大雨でバスが止まったのだという。そのため、カムイワッカまで建設局の人に車で迎えに来てもらうことになった。大急ぎでテントをかたづけて下山した。

　待ち合わせ場所のカムイワッカバス停に行くと、山から男性１人が下りてきた。東京から登山に来た人だが、なんとも運の良い人で、バスが止まったことを知らなかったにもかかわらず、自分の判断で下山してきたのだという。建設局の人の車に僕とその男性が乗せてもらってウトロまで帰った。

　その２日後になんとか山にもどった。２泊して調査を試みたが、雨は降ったり止んだりをくり返した。雨がやんだ隙を見てテントから出撃、ペチャ硫黄を観察して、降りだしたらテントに撤収、あるいは洞窟に避難。まるでゲリラ作戦だが、成果はなかった。出撃と撤退をくり返すばかりで、この夏はほとんど調査ができなかった。

　１か月後の９月18日、僕は再びウトロにいた。ウトロ温泉バスターミナルの横を流れる小川には、無数のカラフトマスが遡上していて、川が真っ黒になるほどだった。

　滞在できるのは１週間ほどだったので、ウトロに到着してすぐにシャトルバスに乗り込み、山に登った。初日だけ日帰りで翌日から山で２泊３日。実質４日だったが、かなりはかどった。その後、2017年の夏には１か月間この調査にかかりっきりになった。さらに

この年は、試料採取の許可が環境省から出た。

　幻の「古硫黄流」を追い求めて作った地図は、そのままペチャ硫黄分布図になった(図11-1)。たいていのペチャ硫黄はまるでマヨネーズを投げつけたように、岩の表面にペチャッとくっつき、長年の風雪に耐えてなんとか残っている。しかし、中には理解に苦しむような状態で存在するものも多い。それに雨風にさらされてほとんどが落ちてしまったのもあるが、後で述べるように、鉱山関係者に資源として採掘されたものが多いようだ。

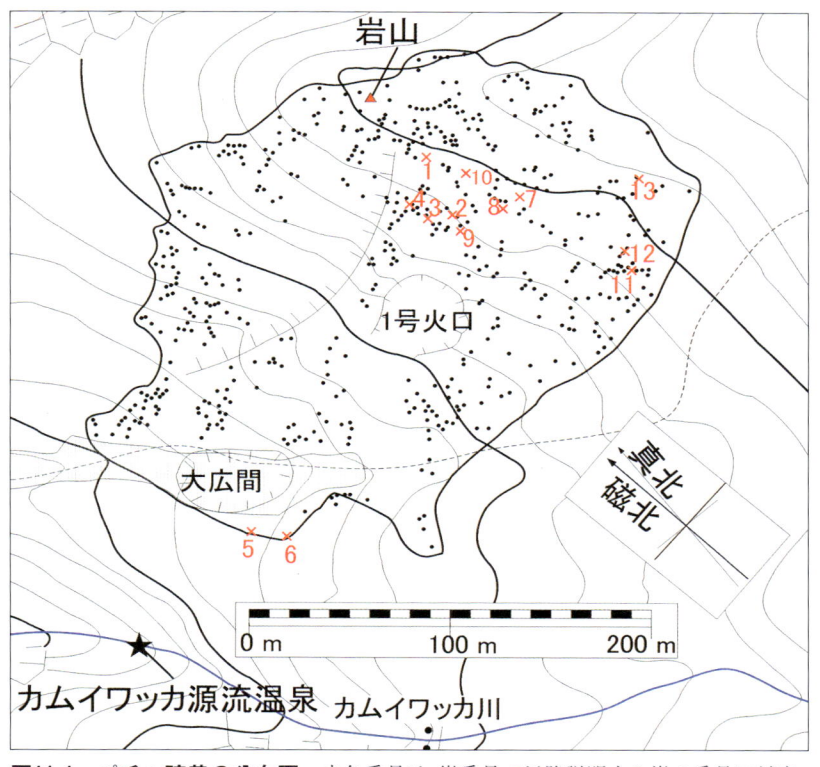

図11-1　ペチャ硫黄の分布図　赤色番号は、岩番号で以降説明する岩の番号に対応。

さまざまな形状のペチャ硫黄

　ここからペチャ硫黄を1つずつ紹介していきたい。岩の番号は図11-1の地図の中の番号に対応している。

　岩1（図11-2）は1号火口の火口壁から北東方向へ60mほどの大きな岩の上面で見つけた。その岩には幅4㎝ほどの溝があって、その溝の中にきっちりはまっていた。溝の壁にきっちりとはさまってい

岩1

岩片の砂、気泡が見られる。

硫黄の下には空洞がある。

下の面はぶつぶつで覆われている。→

岩片が落下してできた衝撃クレーター

気泡

表面を拡大

表面を薄く岩片でできた砂が覆う。

下面

図11-2 岩1

たので、融けた状態でここにはさまったのだろう。それに上面は平らで、うっすら熱水変質した白い岩片でできた砂でおおわれていた。

　気泡がいくつもあいているのは、固まるときにガスが上面から抜け出したためだろう。その気泡に交じって衝撃クレーターがある。岩片が硫黄にめり込んでいるのがわかる。硫黄がまだ柔らかいときに後から飛んできた石が直撃してめり込んだのだろう。当時の激しい噴火の痕跡だ。

　この岩１のもっとも注目すべき点は、硫黄の真下にスペースが開いていることだ。岩の溝を橋渡しするように硫黄がはさまっていてその下が空洞になったのはなぜか。冬場、溝の中に雪があって、そこへ硫黄が落ちてきた……といった仮説も考えてみたが、その検証のためだけに真冬の硫黄山に登るのは気が進まない。

　岩２(図11-3)も奇怪な硫黄塊だ。地質調査中にたまたまこの岩の横を通って、細い岩の隙間にはさまっているこの硫黄を見つけたときは驚いた。登山者のいたずらかと思って隙間に指をつっこんで引っ張り出そうとしたが、これが岩にガチッと固定されていて抜けない。しかも先ほどの硫黄と同様、硫黄の下に空洞が開いている。どうやってこんな器用な入り方をするのか。ガチッとはさまっているということは、この硫黄が隙間に入ったときは溶融していたのだと思う。

　思いっきり力を込めて何とか引っ張り出したのが右の写真だ。岩とがっちりくっついていた部分は上の方の印をつけたところだ。その下は下の空洞の中で宙ぶらりんになってどことも接しておらず、その部分には５mm前後の玉状の硫黄が突起として本体から出ている。やはりさっき述べたように、隙間に雪が入っていたのか？

　ちょっと違うかもしれないが、ここに富山県にある立山カルデラ砂防博物館の丹保俊哉さんからいただいた写真がある(図11-4)。こ

岩2

左上：この岩の中央の亀裂の中に硫黄塊が入っていた。左下：上から見たようす。岩の隙間にがっちりと挟まっている。中央：硫黄の下にはスペースがある。右：硫黄の一部を取りだした。岩と接触していた部分はスムーズな表面だが、接触していなかった下の部分には5mm程度の小さな粒の突起が出ている。

図11-3　岩2

図11-4　温水中に流れ込んでつららのようになった硫黄
（富山県　立山カルデラ砂防博物館提供）

れは富山県立山の地獄谷で溶融硫黄が水（と言っても温泉）の中に流れ込んだときに、水面から下がこのように硫黄がつららのように垂れさがるのだという。岩2は、これと似た現象なんだろうか。わからない。

　岩3-1（図11-5）は1号火口の北東50mの位置で、1号火口より35

岩3-1

左枠内を拡大

小さな球形の粒が表面に見える。この小さな粒がたくさん集まって、この硫黄の塊ができたのかもしれない。

切断

上：硫黄塊の側面は小さな丸い硫黄で覆われている。右の写真は上の写真の赤い線で切断した断面だ。小さな硫黄の粒どうしが溶結してこの塊ができたように見える。

上面

下面

図11-5　岩3-1

mほど高い場所にある。岩の隙間にはさまっていた。やはり不思議な塊だ。外側の表面を見てみると、丸いつぶつぶが見える。溝の奥は空洞になっているし、硫黄は一部だけが岩にはさまっていて、溝の内面と接触していない部分には丸い小さな硫黄の粒でおおわれている。

　右下の写真は、のこぎりで一部を切断し、観察しやすいようにナイフで切断面を削って滑らかにしてみたものである。内部はかなり緻密（ち　みつ）だが、ところどころ穴があいている。じっくり観察してみると、丸いつぶつぶはやはり融けてくっつきあっているような感じだ。

　岩3-2（図11-6）はさきほどと同じ岩の別の場所にあった硫黄だ。これも同じく岩の隙間にはさまっている。これものこぎりで切って大きなナイフで削って切断面を出してみた。緻密（ち　みつ）な部分もあるが、結構隙間や穴が多くてガサガサだ。右側に見えている側面は丸い硫

岩3-2

切断

上面

溶結したち密な部分。

球状の粒

図11-6　岩3-2

岩4

上面：硫黄塊は岩の隙間にがっちりと挟まっていて力強く引っぱっても抜けない。

岩石片の薄い砂のシート

空洞

側面：薄い砂の層が側面を覆っている。

空洞

下面は小さな丸い硫黄の突起で覆われている。その下は空洞になっている。

図11-7　岩4

黄の粒でおおわれている。

　岩4（図11-7）も同じく岩の溝の中にはさまっていた。これは力いっぱい引っ張ってみたが結局抜けなかった。上から見た写真を見てみると、手前の部分の輪郭がまっすぐでなんとも不自然である。

　この手前にももともと硫黄があったのだが、ちょうどこのまっすぐな輪郭がひび割れて手前部分がなくなってしまったように見える。しかし地面を見てもなくなった硫黄はなかった。

　そこで想像だが、このなくなっている手前の部分は鉱山時代に採掘されたのではないだろうか。まっすぐな側面は薄い砂でおおわれている。砂はなぜか表面で固まっていて長年の風雪に耐えてここに残っている。ようすからして砂混じりの熱水が割れ目に入り込んで固まったのだと思う。

　ここまでは、岩の溝にはさまった特殊な硫黄を紹介してきたが、岩5（図11-8）は、まさに「ペチャ硫黄」の名にふさわしい。この硫黄は大広間の縁で見つけた。最初に見たときは、鉱山関係者のいたずらでこの岩に溶融硫黄を投げつけたのではないかと思った。しかし、この硫黄はどうも高い位置から飛んできたように見えるし、自然に飛んできたものだろうと思う。

　硫黄が付着している岩の面の方向を計った。この岩が向いている面は北から右回りに98°の方向。それに対し1号火口の方向は86°で、ほぼ1号火口の方向を向いている。

　岩6（図11-9）は、長さ15cmほどの楕円体に近い大きな硫黄の塊である。中には穴がたくさんあいているので、もろくて崩れやすい。横に大きな岩があり、なぜか岩をはさんで1号火口とは反対側の岩の隙間に入り込んでいた。ということは垂直に近い角度で岩を飛び越えてこの場所に落ちてきたのだろうか。落ちてバラバラにならなかったのも不思議だ。単に1936（昭和11）年当時の鉱山関係者が、何

岩5

1号火口の方向に向いている岩の面に付着した硫黄。硫黄は岩の表面を少しながれたところで固まったようだ。硫黄の一部は砂でおおわれていて、砂は何かのセメントで固まっている。この岩の面は北から右回りに98度の方向を向いている。1号火口の方向は86度の方向なので、ほぼ1号火口の方向を向いていると言える。

図11-8　岩5

岩6

1号火口の方向

左：硫黄塊は1号火口の方向から岩の反対側にある。高角度で落下してきたのか？
右：硫黄の割れ目に熱水変質した2cmを超える岩片が見られる。

図11-9　岩6

気なくここに置いたという可能性もある。

　岩7 (図11-10)は、食料をヒグマに食われないように岩の隙間に隠しておけないかと思い、右の写真のこの隙間に入ったときに見つけた。これは３D写真になっている。そこはちょっと小太りの僕がやっと入れるくらいの隙間だった。硫黄は奥の岩の下で、左の岩の陰にあった。見ると表面に液体の硫黄が流れたときにできるパホイホイ模様がついている。

　おそらくこれは、岩の上に硫黄が落ちてそれが岩肌を伝ってこの下に回り込んで地面に落ちたのだろう。確認のため、鏡で岩の下の上の部分を見ようとしたが、狭くて身動きできないうえに暗く、よくわからなかった。

　硫黄は色が黒ずんでいてあまりきれいではない。岩石片もかなり含まれているが、理由はわからない。岩と接していた部分は細い割れ目がついている。冷えるときに収縮してできたのだろうと思う。

岩7

上面

パホイホイ模様。
溶融硫黄が流れ
た痕跡。

岩と接していたと思われる面。小さ
なひび割れは、硫黄が冷たい岩に
接して急冷してできたと考えられる。

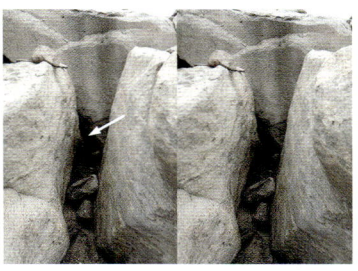

この硫黄が見つかった場所。写真は立体写真（3D写真）になっている。この硫黄は左右の大きな岩の向こうの岩の下の砂礫（矢印）で見つかった。状況から判断して、この硫黄は融けた状態で上の大きな岩の上に落下。その後岩肌を伝って岩の下へ流れ、地面に滴り落ちて冷却固化したのではないかと考えられる。

下面

図11-10　岩7

岩７の下の写真は同じものの下面で、砂礫の型がついている。融けた硫黄が落ちてきたときに押し型ができたのだ。

　岩８（図11-11）も不思議な硫黄だった。１号火口とはまったく正反対の岩の面に硫黄の粒が付着している。この岩の上の方にも硫黄がついているので、おそらく放物線を描いて飛んできたものが上に乗ったのだろう。それがだらだらと垂れてきたのが側面についている。楕円で示したしぶき状の部分は、いったん地面に落ちた硫黄がパシャッと飛び散って着いたようにも想像できる。

　岩９（図11-12）も珍しいものである。岩の下にお盆のような平たい部分がベロのように出っ張っていて、そこに浅い窪みができており、その上にもう１枚の硫黄がのっぺりと載っていたのだ。上面には液体の硫黄が流れたパホイホイ模様も形成されている。下面には岩の表面の凸凹の押し型がついている。硫黄が固まるときに体積が収縮

1号火口とは反対側の岩の面の地面に近いあたりに小粒の硫黄が無数に付着している。おそらく硫黄が飛んできたときに地面に落ちてしぶきがこの面に付着したのではないか。この面が向いている方向は、北から右回りに33度で、1号火口の方向は261.9度。1号火口とはほとんど反対側の面だ。

図11-11　岩8

してできたと思われる亀裂がいくつも入っている。

　岩10(図11-13)は硫黄の部分が蛍光色になっているが、実際はもっと淡い黄色でわかりにくいので、画像加工ソフトで黄色と緑色を強調している。ほぼ垂直の岩肌に付着しているのだが、1号火口からはほとんど反対側にある。これはまるで液体の硫黄が岩肌を滴り落ちたような跡だ。おそらく、この岩の上に落ちてきた硫黄はだらだらと流れたのだろう。

岩9
上面　　　　　　　　　　　　　　　　　　　　　　下面

左(上面)：この硫黄は岩の比較的平らな窪みの中にあった。上面は硫黄が流れたときにできるパホイホイ模様が見える。気泡もいくつか見られる。
右(下面)：岩との接触面。岩の型がついていて、根っこ状のひび割れが無数にある。

図11-12　岩9

岩10

図11-13　岩10
画像加工で緑と黄色を強調している。

　さて、ここまで見てきて、１号火口の爆発によって溶融硫黄が飛ばされて岩にくっついたにもかかわらず、１号火口から反対側の岩の面に付着していることも多かった。おそらく高角度で飛ばされた硫黄が、ほとんど真上から岩の上に落下して１号火口の反対側の面に垂れて固まったのだろう。では、１号火口に向いている面にだけ硫黄が付着している、そんな岩はどこかにないのだろうか。

　そのためには、ペチャ硫黄分布範囲の外縁付近の岩を見ればよい。どういうことかというと、外縁付近の硫黄は最も遠くへ飛んできたものだ。最も遠くへ飛ぶには、１号火口の爆発で45°の角度で打ち上げられなければならない (図11-14)。そして着地のときも45°の角度で落ちてくる。それ以外の角度で打ち上げられたら、遠くには飛べないのだ。硫黄が45°で岩に落ちてきたら、硫黄は１号火口に向いている面に付着するだろう。１号火口とは反対側の面には付着しないはずである。

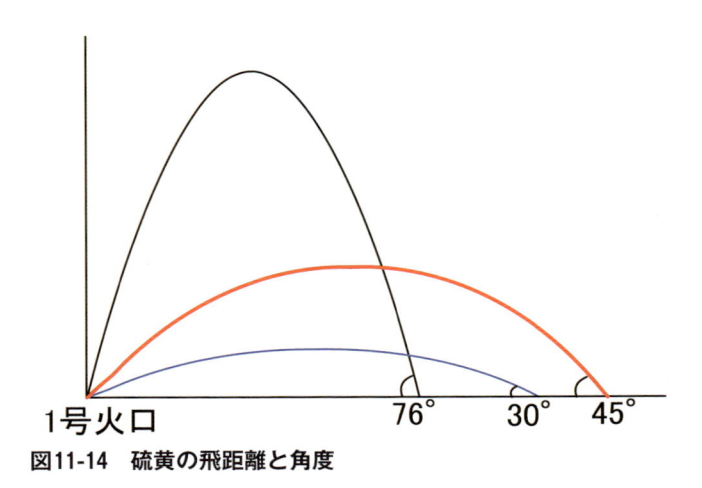

図11-14　硫黄の飛距離と角度

さっそく分布図を見てこの辺かなぁと見渡しながら歩いてみた。するとよさそうな岩があった。それが岩11（図11-15）だ。硫黄の小さな粒が岩の表面に付着していた。パッと見ただけでは気づかないような量なので、目印にビニールテープを貼っていった。平たい岩で立っているので硫黄が付着している面と付着していない面とが際<ruby>際<rt>きわ</rt></ruby>だってわかった。コンパスを使って北の方向と1号火口の方向を調べ、竹の物差しをそれぞれの方向へ向けた。

　図11-15を見れば明らかのように、1号火口の方向に向いている岩の面だけに硫黄が付着していて、反対側には付着していなかった。明らかに、これらは1号火口からの噴出物だと考えられる。

　次の岩12（図11-16）も、ペチャ硫黄分布域の外縁付近のものだ。岩の上に上半身を乗せて硫黄らしきものがどれか把握する。淡い黄色が見えたら10倍のルーペで確認し、黄色のテープを貼る。表面全体を確認して黄色テープを貼っていった。

　全部テープを貼り終えて、コンパスで方位を確認し、1号火口の方向に立って岩を見たところ、黄色いテープが全部見えている。別の位置から見ると、隠れてしまうのがいくつかある。ただ、1つだけ1号火口とは反対の面に硫黄が付着していた。理由はわからない。

　硫黄を拡大したのが図11-16の右側の写真だが、やはりこれも0.5mmくらいの小さな丸い穴がいくつもあいている。硫黄の塊が爆発で飛んできてペチャッとくっつき、その状態で溶解していたガスがぶくぶくと噴き出したので、気泡の丸い穴が形成されたのだろう。

　次は岩13（図11-17）で、これもペチャ硫黄分布域の外縁近くにある。こうした白い岩についた硫黄は、岩肌の色とそっくりなので、調べるのが大変だ。岩の面に顔を近づけてじっくり見ないと硫黄は見つからない。それらしきものを見つけたら必ずルーペで拡大して確認する。一度見つけたら見失わないように黄色いビニールテープを

岩11

上から見たところ

1号火口
北

50 cm

この写真は岩面の硫黄が付着している位置（黄色いテープ）と1号火口と北の方向をしめしている。硫黄粒は1号火口に向いている面にのみ付着している。

左下：1号火口の方向から見ている。すべての硫黄はこの面に集中している。

真下：1号火口に向かって見ている。硫黄は全く付着していない。

1号火口の方向305度

北

図11-15 岩11

岩12

1 cm

左：1号火口の方向（方位300度）から撮影した写真。硫黄の付着は黄色いテープで示した。ほとんどの硫黄はこの位置から見ることができる。

右上と右下：それぞれ矢印の部分を拡大。黒ずんだ黄緑色の硫黄が岩の表面に薄く付着している。0.5mm程度の気泡がいくつも見られる。白い岩片も見られる。一部白いセメント（石膏か？）が覆っている。

図11-16 岩12

貼って印をつけておく。右上の写真は硫黄を拡大したものだが、こうして写真で見ても硫黄と岩肌とほとんど見分けがつかない。

この岩から見た1号火口は方位284°だった。つまり北から時計回りに284°の方向である。それに一番近い方向に向いている岩の面が左上の写真で、240°の方向を向いている。そしてその面にだけ硫黄が付着している。

黄色いビニールテープを貼って写真を撮ったが、よく見えないので×印をつけた。他の方向を向いている岩面を見てみると、例えば左下の写真（25°）や右下の写真（134°）の岩には硫黄は付着していない。やはり硫黄は1号火口から飛ばされてきたのである。

1号火口の方位は北から時計回りに284度。左上の写真の方位240度の方向に向いている岩の面にだけ硫黄が付着している（硫黄の位置は×印で示した）。左下の方位25度や右下の方位134度を向いている岩面には硫黄は付着していない。右上は岩面の硫黄を拡大した写真で矢印の先に硫黄が付着している。硫黄は岩の色と似ていて見分けるのが大変だった。写真でもほとんど区別がつかない。

図11-17　岩13

12

鉱山時代の遺跡発見！

気づけば、あちこちにあった鉱山道

　1号火口の周辺に長く滞在していると、硫黄以外にも不可解なものが見つかる。

　まず、図12-1に写真をあげた1号火口北東斜面のようすが変である。通いはじめた最初の頃は、この石の並びのおかしさにはまったく気づかなかった。しかし、よくよく見ているとどうも不自然なのだ。以前、和歌山県の熊野古道を歩いたことがあるが、そのときの石畳に似ている気がする。わかりやすいように、右上の写真で半透明の赤で石畳の道に見える部分を示した。

図12-1　鉱山道1

図12-2も、自然な状態ではありえない。大きな岩と岩の隙間に人の頭くらいの石が詰められている。そのため足を踏みはずして岩と岩の間に落ちる危険が減り、歩きやすい。そうだと気づいてみると、この斜面一帯には他にも似たような石畳や石組みがたくさん見つかる。図12-3は、石が左側に寄せられて道が作られている。やはりここも歩きやすい。

散乱している材木片

さらに不思議なものがあった。材木だ(図12-4)。図12-1 〜 12-3を見てわかるように、このあたりは木がまったく生えていない。灌木すらない。そもそも、これらは人工的に加工された木に見える。

一見自然の山の斜面に見えるが、現地を歩いてよく観察してみるとそのあたりの岩や石は不自然に移動していた。自然の石の並び方ではなかったのだ。それに人の手で加工された材木もころがっている。これらは、この斜面で人が硫黄を採掘していた痕跡なのだろう。そういうえば、第9章で紹介した岩の上のくぼみにあった硫黄(図9-3)はバラバラに割られていた。

よみがえる鉱山時代

現在は灰色の岩しかないこの斜面は、噴火の後は大量の硫黄が降り注いで周囲の岩は硫黄でおおわれていたに違いない。それを採掘して運んだ道の痕跡が今も残っている。おそらく作業者が休憩するための東屋か何かも存在しただろう。

鉱山道を地図に書き込んでみた(図12-5)。地図の上の方にある赤い木の根っこを逆さにしたようなものが鉱山道だ。左のほうに緑色の短い線分があるがそれは材木があった位置を示している。おそらく緑色の線分が集中している辺りに何か簡単な建物があったのではないだろうか。そして赤い鉱山道跡は1号火口に入っていく道へと

図12-3　鉱山道３

図12-2　鉱山道２

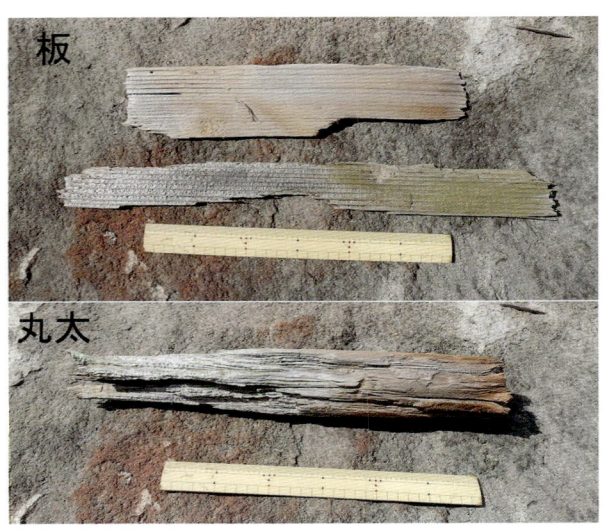

図13-4　板と丸太の材木

収束していく。まさに木の根のようだ。採掘した硫黄をこの道を使って運んで1号火口に落としていったと僕は考えている。1号火口に落とした後は他の硫黄と一緒に海岸まで運ばれていった。ここは鉱山時代の道が残る鉱山遺跡だったのだ。

　鉱山跡の存在から推理すると、1号火口の爆発で飛ばされた硫黄は、採掘するほど大量にあったということだ。鉱山関係者たちが取り残したごくわずかな硫黄を僕は一生懸命探して分布域を調べたりしていたわけだ。

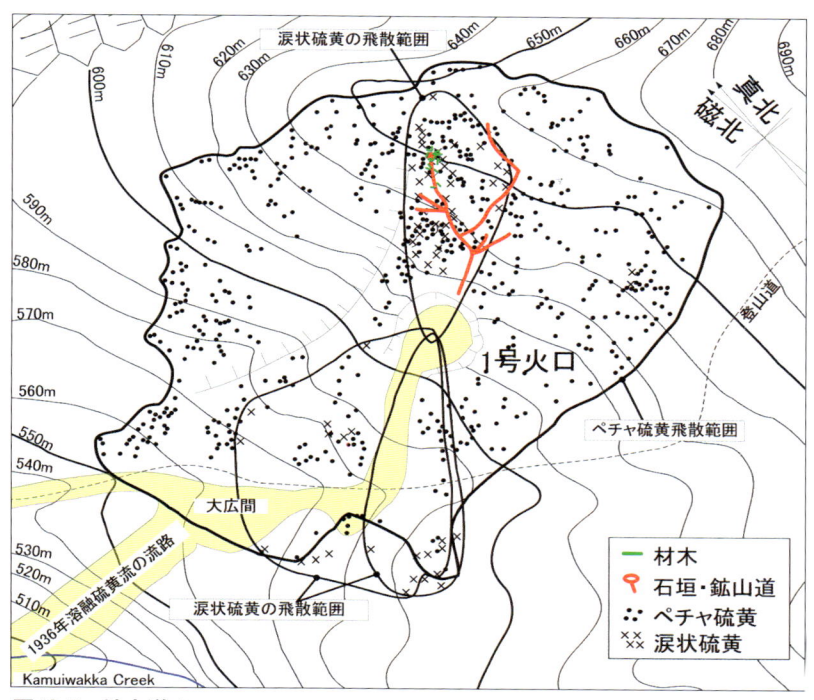

図12-5　鉱山道4

キラウェア火山は「世界一元気な火山」

　2018年5月、真っ赤な溶融溶岩を大量に噴出して世界を驚かせたハワイのキラウェア火山は「世界一元気な火山」だ。山腹のプウオオ火口からは1983年から何十年にもわたって溶融溶岩を噴出している。僕はこれまでキラウェア火山に2回行ったことがある。

　キラウェア火山の溶岩の温度は1150℃と熱く、しかも玄武岩という粘り気が少ない溶岩なので、さらさらと流れる。南側山腹には広大な溶岩原が広がっているが、そのほとんどはパホイホイ溶岩という表面が滑らかで、縄目状模様がついた溶岩だ。「パホイホイ」とはハワイ原住民の言葉で「滑らかな」という意味だ。

　真っ赤に溶融した溶岩というのは、とにかく強烈な熱さだ。溶岩流を撮影しにいったときのこと、南側海岸沿いの道路は溶岩流で寸断されて、アスファルトが燃えて真っ黒な煙を上げていた。その手前で車を置いて近づいた。

　溶岩流は内部は赤く融けているが、表面は冷たい空気に触れて冷えて黒い殻を形成している。その黒い表面に生じた割れ目から赤い溶融部分が見え隠れして、熱気で向こうの景色がゆらゆらと揺れている。

　僕は国立公園の危険地域の立ち入り許可を受けていたので、溶岩流に3mまで近づくことができた。カメラを三脚に固定してしばらくすると、突然バキバキバキという音がして黒い殻が裂け中から黄色い液体が出てきた（次ページの写真）。それが溶融溶岩だ。すぐにオレンジ色に変わりさらに赤、どす黒い赤へと変わっていった。徐々に色を変えながら僕の方に向かって流れてきた。カメラが強烈な熱線で壊れそうだった。空気に触れて薄くかさぶたのように固まりかけた表面が、まだ十分柔らかい内部の流れに引きずられて縄目状の模様ができていく。この写真からもそのようすがよくわかる。

　この辺りの地下には空洞がある。そのため、溶岩が覆いかぶさって蒸し焼きになった草木から発生したガスが空洞に入り込み、それに引火して爆発する。そこら中で、ドン、ドン、ドンと爆発が始まった。ヤバイ！　大慌てで逃げた。

　それとは別の日に、溶融溶岩をハンマーですくい取ったことがある。この日も溶岩流の表面は黒い殻ができていた。溶融溶岩を自分

で引っ張ってみて粘性を確かめるのも大切な調査だ（本当は溶岩でマグカップを作りたかった）。

　溶岩流に近づき、冷えて固まっている溶岩の上に足場を確保した。そして溶岩流の黒い表面に柄の長さ50㎝のハンマーを振り下ろした。ドンという鈍い音がした。ぐいっと押してひっぱると、殻の下の真っ赤な溶融溶岩が見えた。10㎝にも満たないわずかな穴だが、そこから発せられる熱がすさまじい。強烈な熱線がハンマーを持っている手や顔に突き刺さるようだ。熱くてハンマーを持っていられない。一時撤退！　それから再チャレンジ。何度かやって、ようやく真っ赤な溶岩を採取することができた。すくい取った直後に溶融溶岩は冷えて固まり始める。「世界一新しい岩石」の誕生だ。

キラウェア火山南側山腹
プウオオ火口からの溶岩流（2003年2月18日　筆者撮影）
　表面の黒い殻を破って溶融溶岩が流れ出した。冷えていくにしたがって黄色から赤黒い色に変化し、流れた先ではパホイホイ溶岩独特の縄目状模様ができていく。知床硫黄山のパホイホイ硫黄は、形状がこれとよく似ている。

13

幻のパホイホイ硫黄を発見！

キラウェア火山の溶岩と同じ形

2017（平成29）年7月、僕は1か月間、「みどり工房」でテントを張って知床硫黄山との間を往復していた。自然電位探査、ペチャ硫黄の調査などにあけくれ、あっという間に1か月がすぎ、いよいよ最終日の7月30日も岩の表面の硫黄を調べていた。

登山道から20mほど離れた大きな岩の下を覗き込んだところ、信じられないものを見た。淡い黄色い色をした縄目模様のある硫黄のパホイホイ溶岩「パホイホイ硫黄」だ。図13-1の写真がそれである。

図13-1　縄目状模様のパホイホイ硫黄

パホイホイとはハワイの原住民の言葉で、「滑らかな」という意味だそうだ。2003年にハワイ島のキラウェア火山にドキュメンタリー映画の撮影に行ったことがある。山麓のプウオオという火口から流れ出た溶岩は温度が高く粘性が低くて流れやすい。表面に縄を束ねたような模様を作ることが多い。そういう滑らかな表面の溶岩をパホイホイ溶岩という（166 〜 167ページコラム参照）。

　ちなみに真っ赤な溶岩が滝のように落ちるところを３mの至近距離で見たのだが、ものすごい熱で全身が焼けそうだった。通常のパホイホイ溶岩は玄武岩なので真っ黒である。

　1936（昭和11）年の噴火で１号火口から噴出した硫黄は11万6523トンにもおよぶが、そのほとんどすべてが資源として採掘されてしまった。渡邊氏の論文の写真を見ていると、パホイホイ硫黄が写っているが、それらはすべて採掘されてしまい、「幻の硫黄」となってしまっていた。

保存のため運搬作戦を実行

　このパホイホイ硫黄は登山道からわずか20mほどの場所にある。半分に割れているとはいえ、ほぼ完全な形だ。1936年の噴火から80年以上にわたってよく風雪に耐えたものだが、大きな岩の下にあったので、雨や雪から守られていたのだろう。しかも穴の奥にあったので人に見つからずにすんだらしい。

　しかし、このまま放っておいたら、いずれ登山客に見つかって持って行かれてしまうか、あるいは大雨で流れてきた土砂に埋もれるかしてしまうだろう。それなら、ここで僕が運び出して、博物館などの保存・展示施設に持ち込むのが、最善の方策だと考えた。幸い、環境省の試料採取の許可は取っていた。ただし、梱包材と一緒に丈夫な箱に入れて運搬しないと壊れてしまう。

先に述べたとおり、その日が調査最終日だった。予定を変更してまた来るべきかもしれない。少し標高の高い場所に移動して携帯電話で「みどり工房」の田村さんの奥さんに電話して翌日の天気を尋ねた。雨は降らないようだ。翌日もう一度来ることにして急いで下山した。

みどり工房に到着し、野口さんに箱がないか相談したら納屋から大きな発泡スチロールの箱を出してきてくれた。それは夏に屋台で氷水と一緒にジュースを入れる容器だそうだ。ちょうどよい大きさだった。市街地にある100円ショップに行って気泡緩衝材（プチプチ）やガムテープ、ビニールひもを買ってきた。ウナベツの温泉で入浴後、「みどり工房」にあるテントに入って早めに寝た。

翌7月31日、朝3時25分に「みどり工房」を出発した。バイクの荷台にはプラスチックの青い箱を取りつけていたが、その上にさらに白い大きな発泡スチロールを載せてゴムひもで固定してあった。カムイワッカに到着すると、おにぎりを食べて登山道を登り始めた。

パホイホイ硫黄を見つけたのは、1号火口から80mほど西の大きな岩の下だ。図13-2の地図を見てみると、1936年溶融硫黄流の流路からははずれている。

だとすると、どうしてこのパホイホイ硫黄はここにあるのか。そこで、渡邊氏の論文の写真をひとつひとつ見てみた。するとこのパホイホイ硫黄が見つかった場所が写っている白黒写真があった。大広間から1号火口の方向に向かって撮影された写真だった。どうやら小さな分流があったようだ。メインの硫黄の流路は硫黄でかなり埋まっていて、火口を出たところで枝分かれして小さな分流ができていたようだ（図13-3）。

その分流からできたのが、今回のパホイホイ硫黄だ。さらに白黒写真を拡大して見てみると（図13-4）、現在の岩と同じものが写って

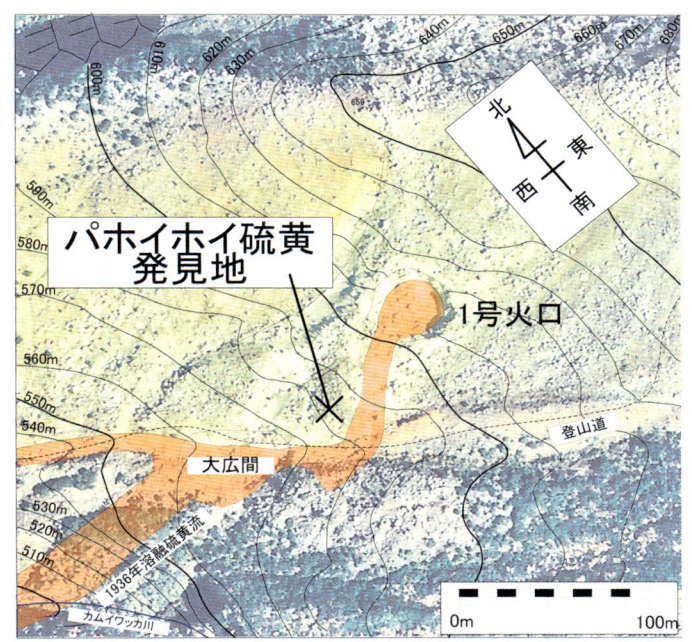

図13-2　1936年の溶融硫黄の流路とパホイホイ硫黄の発見地

いる。間違いなく、この場所である。

　ヘビが出てこないか心配だったが、恐る恐る岩の下に上半身をつっこんで中を見てみた。パホイホイ硫黄の岩と接していた面の形状からみて、もともとできたときにあった場所から10cmくらい動いているようだった。壊さないようにそぉっと取り出す。発泡スチロールの箱にフェルトを敷いて、その上に載せた。

　これは見事なものだ。岩の空間の奥にはさらに何かがあった。パホイホイ硫黄があった位置より奥は幅10 〜 20cmほどの岩と岩でできたトンネルになっていて、そこにも硫黄が入っていた。それも取り出した。

　トンネルの向こう側に明るい外が見えていた。それが図13-4の右の写真でいう1936年当時に溶融硫黄流の分流があった場所だ。つま

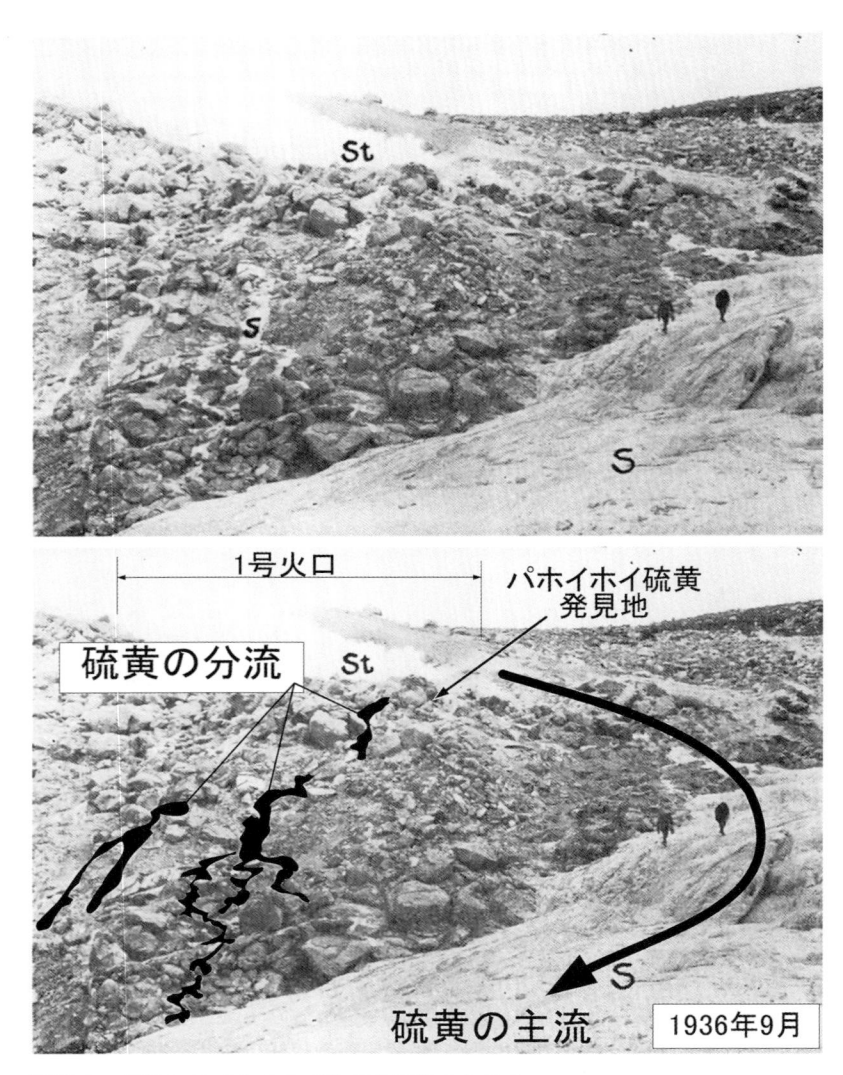

図13-3　1936年のパホイホイ硫黄発見地のようす
（1936年9月15日　渡邊武男氏撮影）

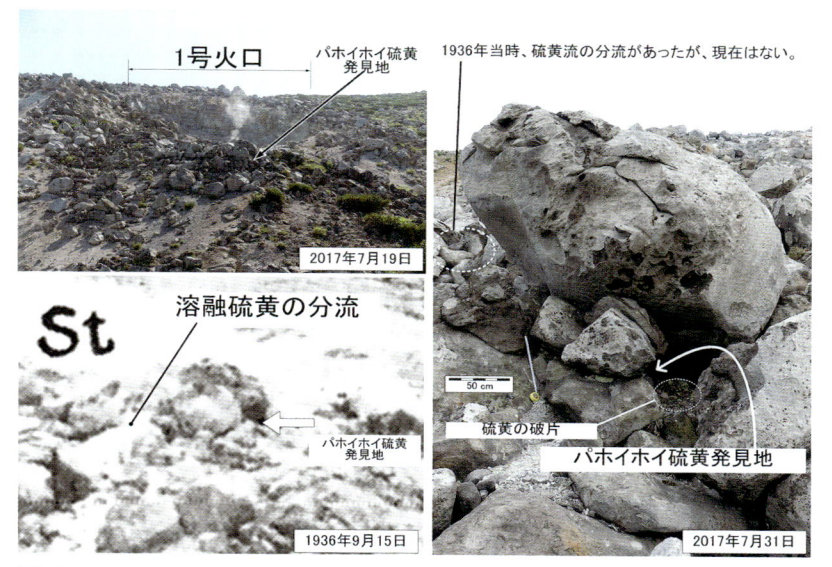

図13-4

り溶融硫黄は、この幅が10〜20cmほどのトンネルを通ってこの岩の下の空間に流れ込み、縄目状模様のパホイホイ硫黄を形成して固まったというわけだ。

　さて、取り出したパホイホイ硫黄を発泡スチロール箱のふたの上に敷いたフェルトの上にそっと置いて写真撮影と観察をする（図13-5）。僕はキラウェア火山で真っ黒な玄武岩のパホイホイ溶岩を見ているので、この淡黄色のパホイホイ硫黄を見ると妙な感じがする。キラウェア火山のプウオオ火口の溶岩原には無数のパホイホイ溶岩があったが、このパホイホイ硫黄はそうたくさんあるものではない。

　図13-5の一番右側の塊は溶融硫黄分流から岩の下の空間につながっているトンネルの中にあったものだ。おそらく写真の下から上に向かって流れたのだろう。写真中央の塊の右上の部分に突起が出ているのだが、そこに硫黄が流れ落ち、広がった（図13-6）。

図13-5　パホイホイ硫黄

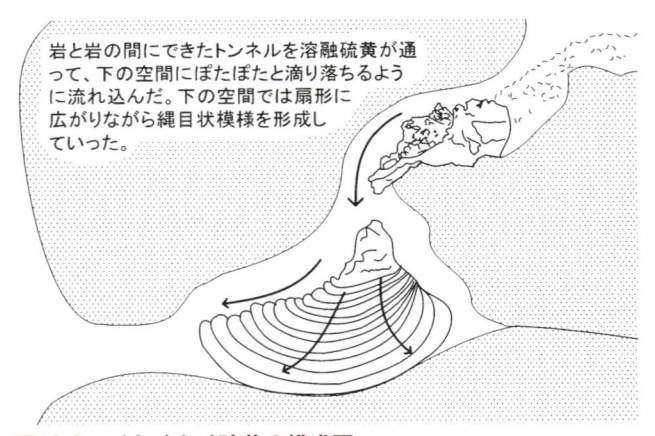

岩と岩の間にできたトンネルを溶融硫黄が通って、下の空間にぽたぽたと滴り落ちるように流れ込んだ。下の空間では扇形に広がりながら縄目状模様を形成していった。

図13-6　パホイホイ硫黄の模式図

　岩の下から取り出したパホイホイ硫黄を観察していると、縄目状模様が本当にきれいな形で残っているなぁと感心する。こうした模様ができるのは、溶融硫黄の表面が冷たい空気に触れてかさぶたのように半分固まりかけるのだが、内部はまだ熱くて流れようとする

ので、固まりかけた表面がずるずると引きずられてしまうためである。これが縄目状模様となる。

　縄目模様の表面にはガスが抜けた穴がたくさんあいている。<u>図13-7</u>は割れた面を写した写真だが、ここを観察してみるとおもしろい。左の方は上から出っ張っていた岩と接していた。そして下部は地面と接していた。

　溶融硫黄は、120℃以上の温度で流れるのだが、はるかに冷たい岩や地面に接するとその部分の溶融硫黄が急激に冷やされて、さっと固まる。素早く急冷されたこの部分は硫黄が密に詰まっていて気泡がほとんどない（図13-7の両矢印の部分）。

　それから内部も徐々に冷えてきてそのときに溶融硫黄に溶解していた火山ガスが気体（気泡）になって出てくる。ガスは表面に穴をあけて出ていってしまったが、内部と表面に気泡を残した。

　さて、これら３つの塊を壊さないように慎重に運ばねばならない。プチプチをぐるぐる巻きにして試料を包んだ。３つの塊を発泡スチロールの箱に入れて、箱の中で転がらないように隙間を新聞紙で詰めていく。ふたをきっちりと閉めてガムテープでとめた。ひもを巻いて肩からかけられるようにした。

　下山してカムイワッカの駐車場でバイクの荷台に、試料が入った巨大な箱を載せ、落ちないようにゴムひもでぐるぐる巻きにした。バイクの荷台の細いフレームにプラスチックの箱とさらに上に発泡スチロールの大きな箱を載せた状態は、まるで曲芸師のようになってしまった（図13-8）。これでも積載制限には違反していない。

　この状態で最悪なことに、荷物を積み終えたら雨が降ってきた。道路通行許可申請の台にわずかに屋根がついていたので、狭い屋根の範囲で小さくなって雨宿りしていたが、雨足はだんだん強くなるばかりだ。本降りになってバイクにまたがり出発した。砂利道の道

図13-7　パホイホイ硫黄の断面部分

図13-8　荷台に試料を積んだバイク

　路は大雨で泥水が流れて川のようになっていた。カッパを着ていたが、水がしみてくる。「みどり工房」に到着したら、管理人の田村さんがストーブをつけてくれた。本当にありがたい。

　その日の夜は、田村さんのご自宅にある斜めに傾いた車庫で、「みどり工房」の人たちが集まって僕のお別れ会をしてくださった。俳優の松方弘樹にそっくりの江刺隆夫さんが、「みどり工房」の畑で

穫れた野菜を持ってきてくれて、田村さんの奥さんと野口さんがそれを網で焼いたり、お肉を焼いたりしてくださった。

　パホイホイ硫黄は、知床博物館に持っていって預かってもらった。2018年の夏に博物館で知床硫黄山の展示会をするので、とりあえずそのときにパホイホイ硫黄も展示することになった。

パホイホイ硫黄が残されていた理由

　さて、ここで大きな疑問が残る。あのパホイホイ硫黄は、半分に割れていたとはいえ、なぜあの場所にほぼ完全な形で残っていたのだろうか？　よくよく考えてみると不自然な残り方だった。パホイホイ硫黄のまわりにはバキバキに割れた硫黄のかけらが散乱していた (図13-9)。

　おそらくまわりにはたくさんの硫黄があったのだが、鉱山時代に採掘されてしまったのだろう。ところがあのパホイホイ硫黄だけは採掘されなかった。さらにそれは、元あった位置から少し動かされたようだ。岩と接していたと思われる部分、つまり急冷した部分が、僕が見つけたときは岩に接していなかった。それに溶融硫黄が滴り落ちてできた突起はまっすぐ上を向いておらず、斜めになっていた。つまり図13-1の鶏のトサカのように立っている部分が垂直ではなく斜めを向いている。また、真っ二つに割れていたことも気になる。

　勝手に僕は、以下のような想像をふくらませた。

　1936年世界に類を見ない大量の溶融硫黄噴火が起こって1号火口の下流の枯れ沢を流れ、カムイワッカを埋めつくした。当時の人たちにとっても見たこともない珍しい現象だった。当時の人は硫黄を単なる資源としか考えていなかったので、ことごとく採掘してしまった。戦争の真っ最中だったので、火薬の原料として必要でもあった。ある日硫黄を採っている最中に、鉱夫の1人がひときわ見事な

図13-9　パホイホイ硫黄のまわりに散乱している硫黄のかけら

形をした硫黄を発見した。一目見て、バラバラにして荷車に放りこむにはもったいないと彼は思った。迷いながら周囲の硫黄を採掘して荷車に積み込んでいった。最後にパホイホイ硫黄を取りだしたが、両手でぱきっと割ったところで、手を止めた。「ここなら自分が黙っていたら他の仲間に見つかることはない。いずれ後世の人が見つけてくれるに違いない」。そう考えた彼は、パホイホイ硫黄を元あった場所にそっともどして、何食わぬ顔で上司に作業完了を伝えた。

　妄想だと笑われるかもしれないが、名もなき鉱夫のささやかな気遣いのおかげで、現代人は当時の大事件の痕跡を見ることができる……そう、僕は思いたい。

　2017年8月3日、田村さんご夫妻、野口さんと管理人室の前で記念写真を撮って「みどり工房」を後にした。夏だというのに気温は14℃。フリースにダウンのジャンバーを着てバイクを運転した。僕が乗ったスクーターは、北海道の草原の中を走る。小樽はまだ遠い。世界一変な火山・知床硫黄山と僕の物語はまだまだ続く。

おわりに

　山腹から大量の硫黄がどろどろと流れる、そんな火山は知床硫黄山以外に世界のどこにもない。ただ幅数十センチとかいう少量ならたまにあるようだ。また、太平洋の海底火山で硫黄を出す火山の映像を見せてもらったことがある。しかし11万6523トンというとてつもない量の硫黄を出すのは知床硫黄山だけだ。

　外国語学部を卒業しただけの素人の僕が、溶融硫黄噴火の謎に挑んだ。当然費用は実費で、専門的な調査は限られてしまう。個人ではもう限界かと思うこともあったが、幸い何人かの方々の助言や協力が得られてなんとかやってきた。特に後藤先生のペットボトル電極や電気探査は、数千円とか数万円という安価な費用で簡単にできたので本当に助かった。その後のデータ解析も先生には初めから終わりまで助けていただいた。この２つの物理探査がなければ、大量の硫黄が作られている場所も特定できていなかった。

　岩の表面に付着した硫黄を見て、数年間もの間、歴史の記録がない古い時代にどこかにある別の火口からの噴火により起こった「古硫黄流」の痕跡であると信じて調べてきた。1936（昭和11）年噴火のさいに鉱山関係者によって岩についた硫黄はことごとく破壊されていたわけで、有力な手がかりが少なく「古硫黄流」と思ったのも無理はないと思う。幸い「古硫黄流」ではつじつまが合わないものが次から次へと現れ、その間違いに気づき、さらに爆発噴火という新しい発見につながった。

　1936年の大量溶融硫黄噴火で噴出した硫黄は、すべて採掘されてしまったが、大広間のすぐそばのしかも登山道から20mも離れていない場所に、奇跡的にみごとなパホイホイ硫黄が見つかった。1936

年噴火の当時は、同じようなものがいくらでもあったはずなのだが、そこで見つかったのは、たったひとつの生き残りだった。

　知床硫黄山は溶融硫黄噴火という珍しい噴火をする火山で、北海道が世界に誇る火山だが、残念ながら知名度は高くない。知床硫黄山がある斜里町の人たちですら、この山のことを知らない人が多い。世界一変な火山と僕の物語を通して多くの方々にこの火山のことを知っていただけたらうれしい。

　本書の執筆にあたっては、サンライズ出版の岸田幸治さんに大変お世話になりました。調査にあたって当初から12年以上にわたって助言指導をいただいている立命館高等学校の貴治康夫先生、関連するたくさんの資料を提供していただき、また現地で涙状硫黄やペチャ硫黄について助言をいただいた産業技術総合研究所の中村光一さん、硫黄生成場所の特定に抜群の力を発揮したホームセンターで買える道具で探査できるペットボトル電極の自然電位探査と電気探査、その解析のご指導をしてくださった京都大学の後藤忠徳先生、知床滞在中お世話になったみどり工房キャンプ場の方々に心からお礼申し上げます。

参考・関連文献 (発行年順)

渡邊武男・下斗米俊夫，1937．北見国知床硫黄山昭和11年の活動．北海道地質調査会報告第9号．p37.
　　1936年巨大溶融硫黄噴火についてはこの本がもっとも詳しい。現地の地質、噴火の詳細など。90枚にもおよぶ溶融硫黄噴火の写真が掲載されている。ただ入手は困難。

工業技術院地質調査所，1967．北海道金属非金属鉱床総覧．

勝井義雄・横山泉・岡田弘・高木博，1982．知床硫黄山・火山地質・噴火史・活動の現況および防災対策，98pp. 北海道防災会議．

合地信生，1985．知床硫黄山新噴火口の噴気孔配列について，日本地質学会北海道支部講演要旨集，pp6-8.

藤井直之・白尾元理・小森長生編，1995．惑星火山学入門．175pp. 日本火山学会　月・惑星火山ワーキンググループ．
　　大量の硫黄を噴く火山は木星の衛星イオにもあった。イオの硫黄噴火について詳しい。

斜里町立知床博物館編，2009．しれとこライブラリー8　知床の地質．220pp.　北海道新聞社．
　　知床半島の地質はこの本が最も詳しい。知床半島誕生の歴史、知床硫黄山や羅臼岳など知床の火山誕生の秘密、知床で湧く大自然の温泉などを紹介。知床の大自然を歩くとき必携の一冊。

後藤忠徳, 2013．地底の科学——地面の下はどうなっているのか？．ベレ出版．
　　あまり身近に感じられない地下探査だが、遺跡の発掘や地面の陥没から放射性廃棄物処理の地層処分、地震など、実は身の回りのさまざまなものに地下探査の技術が使われている。地下探査の専門家である後藤先生の目からうろこのわかりやすい解説本。

西田泰典，2013．自然電位と地殻活動，北海道大学地球物理学研究報告．p15-86.
　　自然電位について、その仕組みやさまざまな電位についてくわしく述べられている貴重な資料。

山本睦徳・後藤忠徳，素人の僕でもできた！ホームセンターで売っている道具で電気探査——知床硫黄山溶融硫黄噴火の謎に、さらに迫る！，物理探査ニュース，29，3-5，2015.

山本睦徳・後藤忠徳，素人の僕でもできた！ペットボトル電極で自然電位探査——知床硫黄山溶融硫黄噴火の謎に迫る！，物理探査ニュース，27，5-6，2015.

Watanabe T., 1940. Eruption of molten sulphur from Siretoko-iosan Volcano, Hokkaido, Japan. Japanese Journal of Geology and Geography 17, 289-310.
　知床硫黄山の溶融硫黄噴火を世界に紹介した論文。NASAが木星の衛星イオの研究にこの論文を活用している。

Yamamoto, D., 1973. Encyclopedia of Chemical Experiment, P244, P250.

Theilig, E., 1982. A Primer on sulfur for the planetary geologist. NASA Contract. Rep. 3594, 19–28.

Takano, B.,Saitoh, H.,Takano, E.,1994. Geochemical implications of subaqueousmolten sulfur at Yugama crater lake, Kusatsu-Shirane volcano, Japan. Geochem. J. 28 (3), 199–216.

Ashley Davies, 2007. Volcanism on Io, a comparison with earth. Cambridge Planetary Science. 355pp. Cambridge University Press.
　木星の衛星イオの硫黄噴火についてくわしく書かれた本。この中に知床硫黄山のことも紹介されている。

Goto T. et al., 2012. Implications of Self-Potential Distribution for Groundwater Flow System in a Nonvolcanic mountain Slope. International Journal of Geophysics Volume 2012 p10.
　ペットボトルで製作した電極を使って茨城県の筑波山を探査した論文。

Yamamoto M., Goto T., 2015. Near surface structure of a Crater on mountain side of Mt. Shiretokoiozan and its mechanism of molten sulfur eruption. 日本地球惑星科学連合2015年大会　ポスターセッション予稿集

Yamamoto M., and Goto T., Kiji M., 2017. Possible mechanism of molten sulfur eruption: Implications from near-surface structures around of a crater on a flank of Mt.Shiretokoiozan, Hokkaido, Japan. Journal of Volcanology and Geothermal Research 346(2017) 212-222.
　巨大溶融硫黄噴火のメカニズムについて述べた本書のベースとなる論文。

Yamamoto M., 2017. Explosive eruption which blew out molten sulfur at the Crater I on Volcano Shiretokoiozan. Bulletin of the Shiretoko Museum 39: 1-20.
　涙状硫黄やペチャ硫黄について書かれた論文。知床博物館のサイトにあり。

■著者略歴

山本睦徳（やまもと むつのり）

1970年京都生まれ。関西外国語大学卒業。サイエンスライター。大阪市立自然史博物館外来研究員。ドキュメンタリー映画「キラウェア火山その脅威の全貌」「喜和田鉱山」を製作。2005年から夏に知床硫黄山でキャンプをしながら電気探査、自然電位探査、地質調査、温泉調査などを行い、溶融硫黄噴火の仕組みを解明。

ウェブサイト：http://www.earthscience.jp

イラスト：引本尚保

世界一変な火山
知床硫黄山ひとり探査記

2018年7月20日　第1版第1刷発行

著者…………………山本睦徳

発行…………………サンライズ出版
　　　　　　　　〒522-0004　滋賀県彦根市鳥居本町655-1
　　　　　　　　tel 0749-22-0627　fax 0749-23-7720

印刷・製本……シナノパブリッシングプレス